技術者のための問題解決手法

TRIZ

Isaka Yoshiharu
井 坂 義 治

養 賢 堂

まえがき

　1996年にTRIZが日本に紹介されて以来、TRIZに興味・関心を持っている人や、TRIZを使ってよいアイデアを出したいと思っている技術者は多くいます。しかし一方、実際にソフトを導入してみたがなかなか成果に結びつかない、有効な活用ができないといった例もたくさんあります。TRIZは、単にソフトを導入すれば使えるというものではありません。

　それは、TRIZを使って出されたアイデアが一般にあまり公開されていなくて、どのように使えるのかがわからないということが原因です。TRIZの成果はおろか、導入していることさえオープンにしない企業も多くあります。競合相手が使えるようになったら大変だという認識であるかも知れません。そして、今までに出版されたTRIZ関係の書籍に載っている効果的な実例が少ないことも原因の一つとして考えられます。

　TRIZは決して特殊な手法ではなく、誰でも使えるものです。例えばQC手法がたくさんの事例を通して様々な使い方ができるということを示してきたことによって多くの成果が得られ、職場に定着したように、実例を多く示して挙げることは、身近に使えるようにするための最もよい方法です。何事においても、初めに式や考え方を示してもらった上で幾つかの例題を解いてみて、それで初めて応用問題にかかれるようになります。公式だけ示されても、それを使ってみる有効な問題例もなく、基礎的な事例だけで、「こんな使い方ができます、あんな使い方もできます。お好きに使ってください」では、実際には使えないということと同じです。

　本書は、このような状況を考慮して、TRIZを用いた問題解決、アイデア発想について実例を紹介しながら、「このような使い方ができるのか」ということがわかり、「それなら自分の問題にも使えそうだ」と思ってもらえるようにすることでTRIZ活用のヒントになると考えてまとめたものです。TRIZは、こんなに使える、役に立つということを多くの方にもっと知って欲しいと思っています。TRIZを勉強したが、実際に自分の問題に使えないという

まえがき

人に実例を示してあげることによって、「そういうことか」ということを理解してもらい、「それなら使えそうだ」という納得を得られるようにしたい、それができるはずだと考えてまとめました。

そして、活用について間違えやすい方法についても紹介しました。手っ取り早くよい解決アイデアを求めて、手順も考えずにTRIZを使うと失敗します。そのような、これまで既存の書籍では紹介されていないけれども、比較的陥りやすい使い方についても説明しました。

問題解決の方法は一つではありません。見方を変えると様々なアイデアが出せます。誰にでもそれを可能にするのがTRIZです。一般に、TRIZを使えば誰でも高度な発明が可能であるといわれていますが、それは活用についてきちんと理解した上での話であって、そのためにはコンサルタントの有効な指導を受けることが確実で早道です。しかし、その機会も少ない場合には有効な資料などが必要になるわけで、それには幾らかでも本書が役に立つと考えています。またそれ以外にも、個人で勉強する際にも本書が活用できると考えます。

本書をまとめるに当たって、三菱総合研究所、（株）アイデア様から、Tech Optimizerソフトの事例紹介をご許可いただきました。また、本田技研工業（株）、ヤマハ発動機（株）、日本精工（株）様から写真提供などのご協力をいただきました。そして、出版に当たっては、（株）養賢堂 社長 及川清様、ならびに編集部の三浦信幸専務にはたいへんお世話になりました。お礼を申し上げるとともに心より感謝いたします。

2004年1月

井坂 義治

目　次

1章　高まるTRIZの必要性
1-1　商品開発の環境変化〜認められ出したTRIZの有効性〜………1
1-2　変化への対応こそ競争力〜発想力こそ競争力〜 ………………3
1-3　規模を超えるのは個人の発想力〜同質の多数より少数の異質〜…6
1-4　評価はアイデアよりも実行〜本来は汗よりもアイデア〜………8
1-5　発想の基本は視点を変えること〜見方を変えればアイデアは出る〜
　　　………………………………………………………………………10
1-6　勘ピュータを重視しよう〜人間だけの勘こそ発想の基本〜……12
1-7　手法で創造力が向上するか〜知識を活かす管理技術はTRIZだけ〜
　　　………………………………………………………………………13
　　　引用・参考文献………………………………………………………15

2章　問題解決手法TRIZ
2-1　TRIZとは〜問題解決のための広い分野の知識活用技術〜……16
2-2　TRIZの手法〜TRIZの基本はこれだけ〜……………………19
　（1）　工学的矛盾マトリックス……………………………………19
　（2）　物質-場分析……………………………………………………21
　（3）　進化の法則……………………………………………………24
　（4）　科学的効果事例Effects………………………………………25

3章　問題解決とは適用技術の選択
3-1　こんな方法があったとは！エンジンのエアクリーナ
　　　〜高度なレベルの発明に挑戦〜……………………………………27
　（1）　問題の概要……………………………………………………27
　（2）　機能モデルの作成……………………………………………33
　（3）　工学的矛盾解決マトリックスの適用………………………34
　（4）　標準解の利用…………………………………………………36
　（5）　科学的効果・法則および関連事例の利用…………………36
　（6）　トリミングの検討……………………………………………38
3-2　解決には固有技術の習熟が不可欠！水力発電機
　　　〜必要なのは機能の定義〜…………………………………………43
　（1）　問題の概要……………………………………………………43

（2）　解決方法の検討・・・・・・・・・・・・・・・・・・・・・・・・・・・・・・・・・・・・・44
　（3）　特許実施例・・・45
　（4）　問題解決のヒント・・・・・・・・・・・・・・・・・・・・・・・・・・・・・・・・・・・46
　　　　引用・参考文献・・・・・・・・・・・・・・・・・・・・・・・・・・・・・・・・・・・・・49

4章　実例に見る、適用する"場"で異なる解決法

4-1　場を変えて進化する洗濯機〜場で考えれば進化がわかる〜・・・・50
　（1）　洗濯機の技術的変遷・・・・・・・・・・・・・・・・・・・・・・・・・・・・・・・・51
　（2）　汚れ落しに用いられた場・・・・・・・・・・・・・・・・・・・・・・・・・・・・52
4-2　場を変えて正解が得られたリーンバーンエンジン
　　　〜場の変更で鮮やかな問題解決〜・・・・・・・・・・・・・・・・・・・・・・・・52
　（1）　機械的な実現・・・・・・・・・・・・・・・・・・・・・・・・・・・・・・・・・・・・・54
　（2）　電子制御による実現・・・・・・・・・・・・・・・・・・・・・・・・・・・・・・・・55
　（3）　混合気濃淡の実現のための場・・・・・・・・・・・・・・・・・・・・・・・・・57
4-3　場を変えると進化する〜進化を先取りできる場の変更〜・・・・・・58
4-4　否定技術を考えるPrediction〜次のシステム予測に
　　　必要な場の考え〜・・・・・・・・・・・・・・・・・・・・・・・・・・・・・・・・・・・・60
　　　　引用・参考文献・・・・・・・・・・・・・・・・・・・・・・・・・・・・・・・・・・・・・63

5章　実例に見る技術システムの進化

5-1　進化し続けるレース技術〜実例からTRIZの法則を検証する〜64
　（1）　2輪レース車の技術的変遷・・・・・・・・・・・・・・・・・・・・・・・・・・・65
　（2）　2輪レース車の技術進化・・・・・・・・・・・・・・・・・・・・・・・・・・・・73
　（3）　レース車にも当てはまる技術進化の法則・・・・・・・・・・・・・・・75
5-2　矛盾を克服する4WDシステムの進化〜矛盾解決実例からの
　　　場の検証〜・・77
　（1）　4WDの技術的矛盾・・・・・・・・・・・・・・・・・・・・・・・・・・・・・・・・78
　（2）　4WDの技術進化・・・・・・・・・・・・・・・・・・・・・・・・・・・・・・・・・79
　（3）　技術進化と場の変化・・・・・・・・・・・・・・・・・・・・・・・・・・・・・・・84
5-3　自動車の車両コンセプトの進化〜進化を考えれば先が見える〜
　　　・・・86
5-4　ソフトウェア特許に見る技術進化〜特許の流れはTRIZの進化〜
　　　・・・90
　　　　引用・参考文献・・・・・・・・・・・・・・・・・・・・・・・・・・・・・・・・・・・・・92

6章 TRIZを用いた問題解決事例

6-1 トランスミッションのドック〜要求品質から矛盾が出せる〜 … 93
　（1）問題の概要 …………………………………………………… 93
　（2）ドックの工学的矛盾 ………………………………………… 96
　（3）要求品質の整理と矛盾解決マトリックスの適用 ………… 97
6-2 エンジン冷却ラジエータ〜ステップで考えるとアイデアは出せる〜
　　 …………………………………………………………………… 101
　（1）問題の概要 …………………………………………………… 101
　（2）問題の定義 …………………………………………………… 105
　（3）ステップによる問題解決 …………………………………… 105
　　引用・参考文献 ………………………………………………… 111

7章　技術開発テーマ探索

7-1 将来の洗濯用洗剤の技術テーマは？
　　　〜次代の開発テーマはこうして出す〜 …………………… 112
　（1）歴史的推移 …………………………………………………… 112
　（2）今後のトレンド予想 ………………………………………… 113
　（3）洗濯問題への対応 …………………………………………… 114
　（4）洗濯の理想解 ………………………………………………… 117
　（5）技術システムの検討 ………………………………………… 120
　（6）進化方向の検討 ……………………………………………… 122
　（7）技術的な達成方法 …………………………………………… 124
　（8）環境の予測 …………………………………………………… 124
　（9）技術テーマの提案 …………………………………………… 125
7-2 仕出し弁当の改良
　　　〜技術進化はなくてもアイデアは出せる〜 ……………… 125
　（1）弁当問題への対応 …………………………………………… 126
　（2）歴史的推移 …………………………………………………… 128
　（3）弁当の理想解 ………………………………………………… 128
　（4）技術システムの検討 ………………………………………… 129
　（5）進化方向の検討 ……………………………………………… 130
7-3 進化方向はコストと効果の比較〜最適な進化事例を見る〜… 132
　（1）シートサスペンション ……………………………………… 133
　（2）自動車のマフラ ……………………………………………… 135
　　引用・参考文献 ………………………………………………… 137

8章 TRIZについての誤解～知っておきたい正しい認識～
……………………………………………………… 138

9章 さらなるTRIZの活用に向けて

9-1 知識創造とは～知識創造の3点セットはTRIZだけ～ ……… 148
9-2 知識創造の進化～知のスパイラルアップを可能にするTRIZ～
　　　　…………………………………………………………………… 152
9-3 TRIZとナレッジマネジメント
　　～知の進化・創造が示されている～ ………………………… 155
9-4 経験価値とTRIZ～経験価値達成アイデアも出せる～ ……… 157
9-5 開発システムにおけるTRIZ
　　～開発フローでのTRIZの位置づけ～ ………………………… 161
9-6 開発が促進できる組織～TRIZを活用できる組織は～ ……… 163
9-7 技術者とTRIZ～アイデアキラーのアイデアを活かそう～ … 164
　　引用・参考文献 ………………………………………………… 168

索　引………………………………………………………………… 171

1章
高まるTRIZの必要性

1-1 商品開発の環境変化
～認められ出したTRIZの有効性～

　日本の多くの産業分野でかつての勢いが見られなくなっています。情報化では米国に追いつけず、またコスト競争力で勝てない中国には品質でも追い上げられ、「前門のアメリカ、後門の中国」の窮状ともいえる状態にある中で、「単なるモノづくりから、より付加価値を高めることが必要だ、ブランド価値が重要だ。それには、これからは"知恵"である」と知的財産保護への関心が一気に高まっているようにも思えます。企業の評価も、バランスシート上の固定資産からブランド力を含めた無形資産に対して関心が高まってきています。
　これまでの代表的な産業において、終身雇用による企業内の人材育成と知識の伝播、メインバンクによる長期的な視点を持った資本参加、均質で優秀な労働力によるモノづくりなどを優位に作用させて製品の改良や品質の向上、生産性の向上など、プロセスイノベーションで強みを発揮して国際的な競争力を維持しようとしています。しかし、現在の構造的な不況のもと、労働人口の構成などでの生産の基本的要素の増加が見込みにくくなっている中で、中国などからのプロセスイノベーションの追い上げにあっている状況に

おいて、高付加価値を持った製品やサービスによるプロダクトイノベーションが求められてきています[1]。

　これまでも、開発は日本で、また製造はコストの安いNIES（Newly Industrializing Economies：振興工業経済地域）や東南アジアなどの海外で行うという例も多くありました。しかし、足腰をヨソに持っていって頭だけ日本でというのが、本当に競争力を維持することができるでしょうか。製造の強さがあってこその開発であり、また製造は開発と近くにあってこそ効率的な製造が可能になるわけです。お互いが要求を汲み取って問題を解決し、かつてのモノづくりの強さであった全社一丸で困難に立ち向かって乗り越えてきたやり方ができなくなったとき、有効な対処の仕方も示されないまま、単に製造と開発を分けてしまっただけでは強さがなくなってしまうわけです。しかし、圧倒的な低賃金の前に、コストではどうにも勝負にならないと中国に移管したものの、生産に漕ぎ着けてからもなおフォローし続けなければならない手離れの悪さ、それどころかクレーム処理などで新たに発生する業務と費用、さらに到底日本と比較にならない開発リードタイムの長さなど、コスト以外で頭を抱える事態が増えています。製品は、構成する小さな部品1個で重大な事故に至ります。そのすべての部品のすべての工程にわたって指導し続け、管理を維持させていくのは不可能です。これまで、プロセスイノベーションを重ねてきた日本とのレベルの違いを思い知らされます。

　そのため、戦略を見直し、価格の安いものも含めて、やはり日本で生産することを前提とした開発が行われる例も現れてきています。品質絶対を掲げ、世界に誇るQC（Quality Control：品質管理）サークル活動などによって築いてきた日本の高品質な製品は世界一流のものです。コストだけのために中国に移してみたものの、品質はどうにも日本並みに維持できず、これまでQCのレベルをいかに高めるかで続けてきた努力、また得てきたノウハウが改めて認識され、結局日本に戻すというものです。日本の製造技術の高さを今さらのように知らされる感じです。

　見落としてはならないのは、日本での製造を達成するための技術開発の努

力があって初めて戻せるということです。低コストを達成するのは高い技術力です。単に日本に戻しただけでは低コストが達成できないわけですから、商品として成り立ちません。従って、日本でつくるためのコスト低減開発がなされているわけです。それには、従来までの手法では達成できなかった目標をクリアするために新しい開発手法が採られています。それでは、今まで、長期にわたってあらゆるコスト低減努力を重ねてきて、それでも達成できなかったコスト目標がどうすれば達成できるのでしょうか。それには、固有技術を活かして、開発段階から今までとは異なる管理手法を活用する必要があります。それがTRIZです。

　TRIZが開発の中で実際に使えるようになって、競争力強化のための実効が生じてきています。TRIZは、問題解決手法として紹介されていますから、本来はコスト低減のためということではなく、技術的な問題解決のために用いるものです。しかし、出されるアイデアの有効性からコストも一つの問題と捉えて、コスト低減についても適用が広がっているものです。

1-2　変化への対応こそ競争力
〜発想力こそ競争力〜

　かつて、「安全ではクルマは売れない」といわれてきました。"安全＝重量増加＝走らなくなる＝商品の魅力低下"という受取り方で、安全にカネをかけるよりは"走り"の機能を重視することが商品として重要であるとされていました。ところが、最近の状況はというと、それまでと比べて180°方向転換しています。衝突テストの比較結果が公表されたり、軽自動車にまでABS（Anti-lock Brake System：アンチロックブレーキシステム）やエアバッグが装着される時代です。ついている安全機能によって事故の保険金額が異なるのですから、クルマの訴求ポイントに安全が求められるのは当然とはいえますが、それによって車両価格も上がっているわけです。それでも、安全のための装備の採用が支持されてきているわけですから、意識の変化も極めて早いということがいえます。こうしてみると、価値観の変化は極

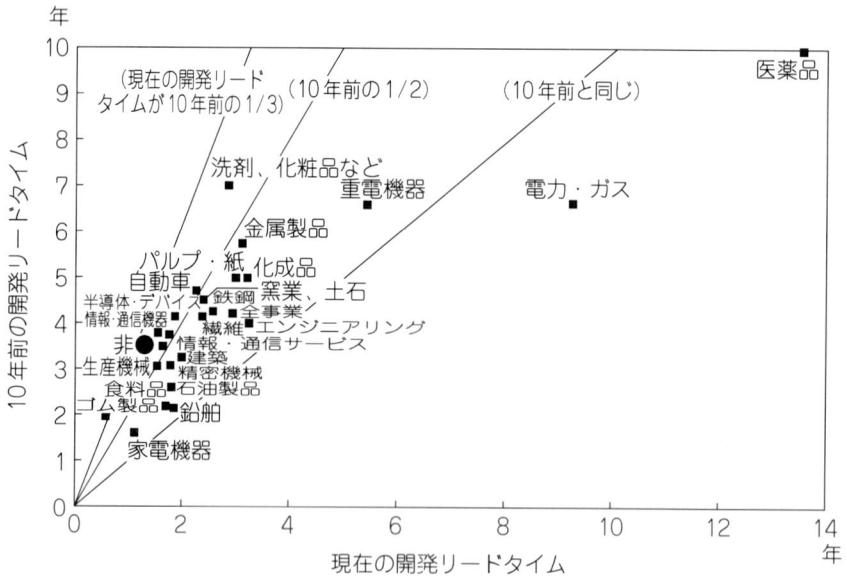

図1-1 短縮化される開発リードタイム[2]

めて早く、昨日の常識は明日には非常識になってしまうかも知れません。同様な事例は、写真においても銀塩フィルムによる現像・焼付けといった処理を行う「写真屋システム」そのものが、デジタルカメラによって置き換えられようとしていることがあります。意識の変化も早くなりましたが、それによって技術の陳腐化も早くなってきています。図1-1は、各業種において10年前と比べてどのように開発リードタイム(企画・開発から製品化されるまでの期間)が短くなっているかを表しています[2]。競争の激化は、開発期間の短縮という形でも現れてきています。

　開発期間の短縮を可能とするため、開発の現場では3次元CAD (Computer Aided Design：コンピュータ支援設計)によるシミュレーション技術やコンピュータグラフィックスが活用され、間違いのない設計が可能となってきています。これは、新しい技術課題に対して、経験を越える手段として今後の技術の鍵を握るものです。このような状況は、今まで使われたことのない新たな分野の技術を取り込むことを可能にしています。新し

いことに対する抵抗感を減らすものです。

　このようなハード面について、これまでも、市場へのすばやい対応、開発コストの低減などの目的から、開発期間の短縮などの競争力強化の努力が図られてきていますが、今後もさらなる短縮が続けられていくと考えられます。大きな変化が続けられる時代、何よりも先見性のある足を地につけた確実な技術開発が求められます。開発には継続が不可欠です。そして効果的な開発に求められるのは、積み上げた技術を活かす発想力ということになります。

　これまでも、たくさんの方が「必要なのは知識でなく知恵だ」といってきました。どれだけ沢山の知識を持っているかよりも、必要なときに知識を組み合わせて問題解決のためのアイデアが出せるかどうかが必要な能力だということです。模範解答では通用しない、応用問題に答えることが社会では必要となります。情報が一瞬にして世界を駆け巡る時代、インターネットで居ながらにして必要な情報が得られる時代、そんな時代にいつまでも過去の専門知識だけに固執していては対応できなくなります。

　経営においてますますスピードが求められる中で、いかに正確に判断し、実行に際して新しい発想で他社に先んじられるかが勝負の分かれ目となっています。経営資源とはヒト、モノ、カネ、情報といわれてきましたが、カネや情報をどのように活かせるか、ヒトのレベルがこれまで以上に重要視される時代となってきています。得られた情報からいかに新しい発想ができるか、それが重要になっています。

　経営は、半年とか1年といった会計年度単位にどれだけ売上を伸ばせたか、利益を上げられたかが問われますが、技術は一定期間にどれだけレベルが増加したかが重視されるべきです。決算が終わると改めてゼロからスタートするものでなく、多くの人と長い時間を掛けて積み重ねるものです。従って、前期に比べてどれだけ増加できたかが大切であるということになります。一度手を抜けば、回復には多大な努力と資源を要するのが技術開発です。強みとなる、またコア（核）となる技術開発はアウトソーシング（社外委託）できないのです。

1-3 規模を超えるのは個人の発想力
～同質の多数より少数の異質～

　これまで、わが国では発想は個人よりも組織のものという風土ではなかったでしょうか。どちらかといえば、今までにない新規なものよりも成功事例をベンチマーキングして、それを越えるものを目指す、そのためには皆で協力して期限までに問題を解決するということに力点が置かれてきたのではないでしょうか。現場のQCサークルに代表される全社としての問題対応力、問題解決力が、品質面、コスト面において競争力を優位に維持できてきたということです。ボトムアップ型の日本的経営といわれて、すべてのビジネスモデルの成功例となっていました。

　コンセンサスを得て組織を効率的に運営していくことは、もちろんいつでも大事なことですが、これまでの"どのように"というよりも"何を"がより求められるようになってきている状況です。従来のキャッチアップ型から独自のオリジナリティーが重視されてきています。工夫・改良を続けることは必要ですが、それだけでは勝てなくなってきているということです。

　これまでと異なる新たな発想によるものが求められるとき、それを可能にする発想は個人によるものであり、そのために個人個人の異質な発想を大事にし、尊重する風土の醸成がより重要になってきています。同質の多数でなく、少数であっても異質が求められてきているわけです（図1-2）。

　例えば、自動車などのレースを見ると、圧倒的な物量を持つチームがいつでも勝ち続けることができるかというと、そういうわけではありません。特

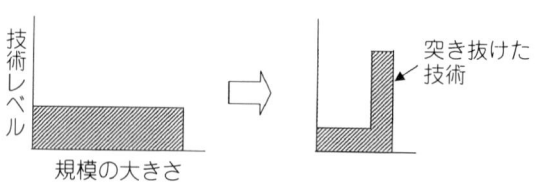

図1-2　同質の多数よりも少数の異質

に欧米では、日本とは異なる発想でアプローチしていることが見受けられます。同じ"速く走る"というだけの目的に対しても、何を重点として進めるかで手段やアプローチが違ってきます。いくら資源をつぎ込んでも、限られた時間の中であらゆる方法がすべてテストできるわけではありません。従って、相手とは異なる別のアプローチによって、少ないヒト、カネでもそこそこの戦いを展開しているわけです。

　一般に、独創的な発想力は日本人よりも欧米人が勝り、それは農耕民族と狩猟民族の違いなどといわれます。それならば、日本人の特性に合った開発もあるわけです。20世紀の奇跡といわれた米国のゼロックス社の複写機の特許網をかいくぐって初めて商品化に成功したキヤノンを始め、現在の特許件数では、リコーなどの日本のメーカーが勝るとも劣らない状況です。

　複写機は総合的な技術が要求され、しかも革新が早く、開発にとって厳しい商品であるといわれています。微細できれいな画像を実現するには理論だけでは説明できないものもあり、それらのノウハウは地道な努力を重ねてきた結果のもので、日本人の特性に向いたものであるともいわれています。

　技術開発の場面においても、従来とは異なる視点にどのように着眼するかが問われてきています。そのために、今までよりも個人の能力が重視されてきているわけです。例えば、発想の結果である発明に対してより評価しようという考えです。そのために、特許法における社員の発明報酬に対しての見直しが行われています。特許そのものについても知的財産としての評価が行われるようになるなど、技術を守るという消極的な考え方から、資産として活用するものへと特許制度に関する考え方が変わってきている状況にあります。一人ひとりの知恵がより重視されると同時に、レベルの高い、他と異なる発想を支援する取組みがされ始めてきています。

　有名な青色発光ダイオードの例を出すまでもなく、規模の大きさや組織の大きさに対して、発想のレベルや発想の違いでそれを越えることが必要です。会社の大きさと発想レベルとは比例するものではありません。ほかにはない突き抜けた技術が求められています。

1-4 評価はアイデアよりも実行
～本来は汗よりもアイデア～

　特許に対する積極的な取組みを行っている一部の企業では、特許が経営に対して大きく貢献しているという報道もされています。しかし、開発に携わっている一部の技術者においては、特許の重要性について、概念的にはわかっているつもりであっても、「実際に競合相手から侵害で訴えられた経験もなく、それによって賠償や設計変更などの痛い思いをした経験もなく、実務においても他社の特許をかいくぐって開発した経験もなく、自社の特許を固めて戦略として権利化した経験もない。だから特許の活かし方がわかっていないので、実務における特許の位置付けができていないし、ウェイト付けもできていない」という状況が実態としてあります。

　「特許に限らず、アイデアは一般社員が出すもので、地位が上がるほどアイデアは出さなくてよい。重視されるのは、アイデアよりも情報、知識、判断であって、だからアイデアや発想に関する教育に関心はないし、教育を受けても、将来役に立たないから受けようとも思わない」とよくいわれます。その結果、「アイデアが大事だ」と口ではいいながら、採用されるのは、実現できたときの効果の大きさよりも失敗するリスクの少ないアイデアばかりです。これではアイデアは出ないし、効果的な特許が出せるわけがありません。

　「ものにもならない稚拙なアイデアだったのを苦労して育てて、何とか結果が出せたのは進め方がよかったからで、試行錯誤もあったが頑張ったのでやっとここまできました」は、「そうか、それはよくやった。ご苦労さん」と評価されるのですが、最初の出発となったアイデアは、それほど評価されません。アイデアを出した苦労よりも、実施でかいた汗が重視され、そして誰もが、経営者と同じように最後の結果で評価しています。最初にそのアイデアがあったから結果が得られたはずなのですが、「俺がやったからできた」という人の声が大きい場合が多く、評価もされやすいのが実情です。

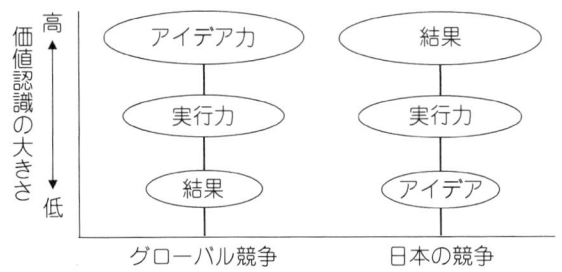

図1-3 グローバル競争はアイデアの勝負[3]

　このように、アイデアについての評価は高くない場合が多いのですが、本来は逆であるはずです。やり方についての上手い下手はあっても、誰がやっても目標レベルの実施がなされれば一定の成果が得られるはずです。従って、本来はアイデアが評価されるべきなのです。結果のみを重視するから、失敗もせず小さな成功しかできないし、一度失敗するとダメ技術者の烙印を押されます。それは、「歴史的に外国から技術を導入して改善することを重視してきたからだ」という前述の話もありますが、それはともかく、価値認識の大きさが外国と日本とでは異なるのだといわれています（図1-3）[3]。「結果がよくなかったのは、やり方がまずかったからだ」とか、あるいは「ウチはアイデアはあるが、実行の仕方が下手だ」とかいいますが、実際はそうではなく、アイデアを十分に評価もせず、勘と経験と度胸でやることだけを優先させてしまった結果だと考えるべきです。「とにかく、やれば何とかなる。結果は後からついてくる」というわけではないのです。欧米では、アイデアが出せなければ評価されないのだといわれています。

　これからの時代は、自分のクルマでは自分でハンドルを握り、自分で目的地まで行くことが求められています。道路の混み具合を予想して道順を決め、日常のメンテナンスも自分で行う、自らの責任で事を進めることが求められます。従来、ステイタスとみられていた後部座席でただ座っているということだけでは通用しなくなります。行き先を告げるだけで連れて行ってくれるのはタクシーだけで、タクシーには支払う料金に見合うだけのアウトプットが出せなければ公用として乗ることは認められません。だから、プレイ

ングマネージャーが求められています。プレイングマネージャーとは、自分でハンドルを握って目的地に向かって走れる人です。調整することが上の役目ではないのです。現場の改善レベルからトップや管理者の改革のレベルまで、プレイングマネージャーとしてのアイデアを必要としない仕事はありません。

　そうすると、今後はアイデアが勝負となってきます。従来の考え方の延長線上でベストの設計をしても、それに置き換わるほかの技術が出れば越えられてしまうことは容易に想像されます。コンピュータ技術が進んでも、シミュレーションツールからは新しい発想を出せるということはあり得ません。

1-5　発想の基本は視点を変えること
～見方を変えればアイデアは出る～

　発想とは、問題を解決するためのアプローチの仕方であるといういい方ができます。問題に対して解決の仕方が多くあることから、たくさんのアイデアが生まれます。解決の仕方とは取組み方法の違いであり、それは視点の違い、観点の違いによるものです。

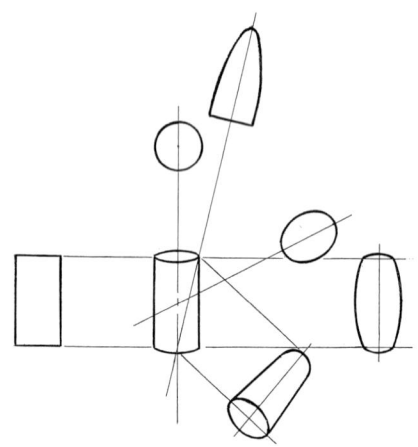

図1-4　見方で異なる円筒形

1-5 発想の基本は視点を変えること

　図1-4のように、円筒形を横から見たり上から見たり、あるいは斜めから見たりすると、見方によって様々な形状に見えます。しかし、いずれも円筒形を見ているわけです。円筒形とは、上から見たら円で、横から見たら長方形だとは簡単には決めつけられなくなります。

　これを問題解決への仕方と考えると、見方の違いによって多くの解決のアイデアが生まれ、アイデアによって解決に対する考え方が違ってきます。ですから、例えば特許によって一つの技術を押さえようとすると、このようにあらゆる角度からの視点で網羅的に出願する必要があるということになります。逆にいえば、通常は特許の逃げ道も必ず何処かに探せるということができます。

　日本は、人口密度が高く、資源のない国であると小学校で習いました。損な国に生まれたものだと思いました。しかし、だからこそ工業化に国を挙げて邁進してきたのです。また、資源がないから世界中から安く大量に原材料やエネルギー資源を輸入することができたのです。つまり、不利を不利としない考え方で物事に対処してきたのです。あるいは、人口密度の高い農耕民族だから、互いに助け合い、信頼し合ってきたからこそ、世界で最も安全な国を築き上げたといえます。

　まだ水道の蛇口に泥水の溜まる国が世界にはあります。水は透き通り、川はきれいな流れであるのは日本だけであるともいわれます。そして、山には木があり、緑だというのも日本での常識です。しかし、"山＝岩山"であり、緑のない国もまた世界には多くあります。そう考えると、日本は資源の少ない国とはいえ、視点を変えれば人間が生きていくための最高の資源がある国であるといえます。

　視点の違いとは、企業における風土の違いともいえます。企業風土が製品に反映されるから、その会社独自の魅力を持った商品が生まれます。しかし、競争力を維持していくためには、他社の出方に先行することが大切で、他社ではどういう見方をするのかということを他社に先駆けて考えることが重要となります。一般に、よい技術が開発できると、それがベストで、それ以外にないと思い込みがちです。苦労して開発した技術は「現在の最もよい

技術だ」と思い込みがちですが、一歩下がって「他社ならどうする？別な方法は？」と違う見方で考えてみることが大切になります。「これしかない」では進歩が止まります。

　P. F. Drucker 氏は、「競争相手が、達成された目的をさらに達成すべくあいも変わらず同じ努力をしているとき、目的が達成されたことを認識し、努力の方向を転換した企業が明日のリーダーシップを握る」といっています。そのような見方を可能とするためには、その目的に沿ったツールが必要となります。TRIZ は、単なるツールでなく思考プロセスであるともいわれますが、視点を変えてアイデアを出せるようにするための従来にない有効な手法です。

1-6　勘ピュータを重視しよう
〜人間だけの勘こそ発想の基本〜

　憶えたことを組み合わせて新しい発想をするのは人間にしかできないことです。コンピュータは、いくら記憶容量が大きくても新しい発想はできません。ヒラメキは人間だけにしかできないものです。チェスの名人とコンピュータとの勝負で、最近はコンピュータが勝利することが多くなったようですが、まだ将棋ではコンピュータは勝てないといわれています。多くの組合せを導き出し、その中から最良の一手を選ぶことはできるのでしょうが、捕まえた敵を味方として使えるという複雑さと、相手の出方を判断する予測までは難しいということなのでしょうか。しかし、このような複雑な思考ができるのは、人間はすべてについて、それを組み合わせて思考することなく、重点となるポイントについて"勘"を働かせて判断しているからということのようです。

　そうであれば、"勘"を馬鹿にすることはできません。第六感とは、当たり外れのわからない勘ピュータであると無視して、とにかくデータ重視、データに基づいてものをいうべきであると QC では教えられ、予想、想像でモノをいうことはよくないことといわれてきましたが、もう一度よく検討してみ

る必要があるようです。犯人探しの QC ならば真の原因を突き止めることが必要でしょうが、攻めどころに焦点を当てた方策を出し、そして最適案の追求には新しい発想が求められるはずです。それが新しい開発であれば、それまでにない方策や手段が必要となる場合が多く、そこに勘が働かなければ新たな発想はできません。現状の改善なら、データ重視の進め方でよいのでしょうが、改革アイデアはデータをいくらたくさん集めても出てくるわけではないのです。経験を積んだ上での問題解決に対しての新たな発想は、人間だからできるものでしょう。コンピュータのデータベースをいくら増やしても新しい発想をしてくれることはないのです。

　青色発光ダイオードを開発した中村修二氏は、「天才的な勘」と「職人的な勘」との２種類があるといっています[4]。そして、自らの成果を職人の勘によるものであると述べています。注意深い観察、問題解決に対する不断のひたむきな思考努力が他人にできない独創を生む新しい組合せに対する発想となったものと思われます。

　そもそも、多くの新しい発見や発明でも完全な理屈が先にあったわけではありません。予想したこととの違いに気づき、後からその理屈や理論を考えたものが多いのです。それらの始まりは、異常に気づく勘によるものです。事実を観察する場合はデータですが、発想はひらめきです。勘ピュータを馬鹿にしてはいけません。TRIZ は、勘を働かしやすくしてくれるとともに、問題解決の方向に向かった勘の働かせる方向を示してくれるものでもあります。

1-7　手法で創造力が向上するか
～知識を活かす管理技術はTRIZだけ～

　問題解決あるいは課題達成に際して、必要なのは固有技術であって管理技術などが役に立つとは思えないという意見があります。そして、管理技術というとすぐにそれは QC の手法であろうという返事が返ってきます。大きな誤解であり、現場の QC のサークル活動が、即 QC であって、QC の手法

とは、そこで用いている QC の七つ道具であるという程度にしか認識がないのです。こういう技術者もまだ多くいます。

　しかし、例えば実験結果について効果を判断するのに、単純にデータの平均値だけで比較している人はいないでしょう。分散分析などを行って判定の指標にしているはずです。そして、その手法は有効だと考えているはずです。このような統計的な手法は管理技術そのものです。統計的手法に限らず、計算を扱うものであれば効果があり、数字で示されないものであれば効果がないということもないはずです。

　修得した固有技術を有効に引き出したり、あるいは新しく組み合わせたりして活用を図るものが管理技術であるとすれば、管理技術を役立てない手はないのです。そして、QC の手法だけが管理技術ではないのです。発想法も一つの管理技術です。

　技術者の多くは、固有技術の修得には熱心ですが、管理技術に対してはあまり興味を示さない場合があります。技術者は、専門分野の技術についてはその分野での第一人者を目指したいと考えており、そのためには労をいとわないし、情報収集にも熱心です。確かに、専門分野を深く掘り下げることは必要です。しかし、それを効率的に活用するための方法としての管理技術が重要になるのです。技術者にとって、固有技術と管理技術はクルマの両輪と考えるべきです。

　人は、生まれてから現在までに、実に多くのことを経験し、学んできています。それらを有効に組み合わせることで新しい発想ができるはずです。いってみれば、発想とは組合せです。新しい組合せによって、従来では得られなかった新たな効果が得られれば大成功なはずです。その組合せが、誰も思いつかなかった初めてのものであれば、そして効果があるのであれば、組合せはレベルが低いなどとは決していえないはずです。その組合せは独創であるといえます。

　品質を改善するための方法として QC の七つ道具などが使われるように、すべて物事を効率的に進めるためには、何らかの管理手法を知っていた方が得であり、早道でもあります。固有技術を活かすために管理技術があるので

あり、従ってこれを活用しない手はないのです。応用を効かせて成果の極大化を図ることが得策であり、それが付加価値を生むことになります。TRIZは、問題解決のために有効に活用できるもので、単に発想法とすべきものではないと考えます。つまり、TRIZは技術者にとって真に役立つ固有技術を活かす技法、知恵を出す手法として、これまでにない強力なものであるといえます。

引用・参考文献
1) 財務省印刷局：平成14年版科学技術白書（平成14年）p.4
2) （社）経済団体連合会：産業技術力強化のための実態調査 報告書（平成10年9月）
3) 三浦克巳：新価値によるアイデア発想法, 発明（2000−4）p.115
4) 中村修二：考える力・やり抜く力・私の方法, 三笠書房, p.194

2章
問題解決手法TRIZ

2-1　TRIZとは
～問題解決のための広い分野の知識活用技術～

　革新的問題解決手法、あるいは発明的問題解決理論などの言葉で紹介されているTRIZは、Genrich Altshuller（ゲンリック・アルトシューラー：1926～1998年）氏によって、旧ソ連の時代に開発されたものです。同氏が海軍の特許審査官だった時代に、数多くの特許に接する中で、発明には法則性があることを発見し、40万件ともいわれる特許を分析して、問題解決のために体系化したものです。しかし、ソ連では、国家にその価値が十分には認められず、いわれのない強制収容所への収監やTRIZスクール設立後も国家からにらまれるなど、多くの辛酸をなめながらも、TRIZの研究は続けられ、次第に価値が認められるようになってきました。しかし、再びペレストロイカ後は、研究を続けることが困難な状況に陥りました。

　そしてTRIZは、同氏の共同研究者や弟子たちがTRIZ技術者や専門家として米国に移住した以降に西側に紹介されて、初めてその効果が認識されるようになったものです。そこで、コンピュータと結び付くことによって利用されやすくなり、広くその価値が認められるようになりました。英語で表現されるThe Theory of Inventive Problem Solvingを意味する

ロシア語の頭文字をとって TRIZ となっています。読み方は「トゥリーズ」です。日本では、つい数年前まで、一般に全く知られていなかった問題解決技法です。現在でも 250 万件もいわれる膨大な数の特許解析が続けられ、新たな事例の追加が行われ、データベースの充実が続けられているといわれています。

　Altshuller 氏が特許を分析することで見出したものは大きく二つに分類できます。一つは、問題解決技法の共通性から見出した 40 の発明原理とそれを活用するための矛盾マトリックスです。二つ目は、技術進化の普遍性から見出された技術システム進化の法則です。これらの情報を活用して発明的な解決策を創出しようという科学的・工学的アプローチが TRIZ 理論といわれるものです。

　通常、問題解決に際して、直接解決策を求めるのが一般の進め方ですが、TRIZ では問題をいったん抽象化して一般化された問題に対して解決策を見出し、それを自らの問題に適用するアプローチを採っていることが特徴です。こうすることによって、あらゆる分野の事例が適用できるというわけです。

　一般に、技術者はそれほど多くの工学的法則を知っているわけではありません。オームの法則やアルキメデスの原理など、技術者が知っている法則は、通常 50 からせいぜい 100 くらいだそうです。要するに、別の分野については一般的な原理でさえもほとんど知らないということなのです。ですから、別の世界ではとっくの昔に解決している常識といわれるほどのものであっても、自分の分野では未知であることも多いのです。苦労してやっと解決した問題が、別の分野ではとうの昔に常識に過ぎなかったという場合もあります。それならば、世の中に既にある知識をうまく使って問題解決に役立てることが最も効率的だということです。問題の 90％ あるいは 99％ のテストは、既に他人によって確認されているものであるといわれています。TRIZ が目指すのは、このような多くの試行錯誤の末に運よく解決にたどり着いている非効率的な状態からの脱却です。そのために、特定分野によらない多くの領域の効果や法則を知識データベースとして提供することで、問題

解決、課題達成に利用できるようにしたものです。

このように、TRIZはアイデア出しを従来の自分の経験や専門分野などの限られた範囲からだけで行うのでなく、他の分野などの多くの事例の中から問題解決に最も近い考え方やプロセスを提供し、無駄な試行錯誤を廃して、効率的にレベルの高い発明ができるように近づけるというものです。

特許のレベルを分類すると、
- 発明レベル1：設計のトラブル解決
- 発明レベル2：既存システムの改良
- 発明レベル3：既存システムの抜本的改良
- 発明レベル4：新しいシステムの創造
- 発明レベル5：全く新しいシステムの発見

の5段階に分類できますが、レベル3以上の発明は23％にしか過ぎないといわれています。また、各レベルの発明に要する試行錯誤の回数は、レベル1で10^1回、レベル2で10^2乗回、レベル3で10^3回・・・を要するといわれていますが、TRIZは自分の経験以外の領域からの知識を活用することで、これ以上の無駄な試行錯誤を重ねることなく効率的に高いレベルの発明ができることを目指すものです（図2-1）。

実際の活用にはTRIZソフトを用いることが有効ですが、モジュールの基本は、矛盾マトリックスを用いるPrinciples、進化の法則を適用する

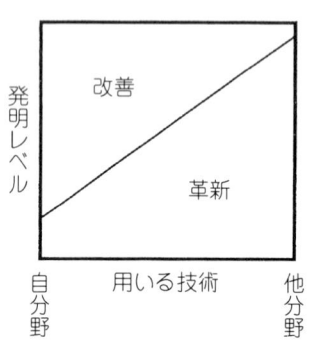

図2-1　問題解決に用いる技術分野と発明レベル

Prediction、機能から手段を見つける Effects の三つです。本書は Tech Optimizer™ Professional Edition J（TOPE）ソフトを用いています。

2-2　TRIZの手法
〜TRIZの基本はこれだけ〜

（1）工学的矛盾マトリックス

　1章の図1-4の円筒形を思い出してください。この円筒形の材料が仮に木でできているものとし、のこぎりで切ろうとします。横や縦に真直ぐ切るのは難しくありませんが、これを斜めに切ろうとしたとき、斜めに板目がありますから角度によっては曲がってしまって、連続的な直線に上手く切れない場合があります。このような場合、のこぎりの目を小さくすると、硬いところも切りやすくなることは経験しています。しかし、目を小さくすると、切る速度が遅くなり、作業効率が落ちてしまいます。このように、一方の特性をよくすると片方の特性が悪化してしまう場合、これを TRIZ では工学的矛盾と呼んでいます。

　工学的矛盾がある場合、どちらかだけを優先させると他方への影響も大きいので、通常は両方の特性の満足できるポイントを探します。これをバランスなどと呼んでいますが、要は程々のところで妥協しているということになります。どちらの特性をより重視するかというような調整になります。これが、「市場の要求に合わせて」ということであると誤解してはいけないのであって、本当はどちらの特性もより高くしたいところなのです。

　工学的矛盾に対して、TRIZ では工学的矛盾解決マトリックスが用意されています。工学的矛盾解決マトリックスは、一部を表2-1に示すもので、縦横それぞれに 39 のパラメータが設けられているものです。のこぎりの操作に習熟しなくても真直ぐ切れるように、のこぎりの目を小さくしたいが、そうすると作業効率が低下するという場合、改善する特性を「操作の容易さ」として、その結果、悪化する特性が「時間の損失」であるとする見方が

表2-1 工学的矛盾解決マトリックス

改善する特性 \ 悪化する特性		移動物体の重量	静止物体の重量	移動物体の長さ	静止物体の長さ	移動物体の面積	静止物体の面積	移動物体の体積	静止物体の体積	・	時間の損失	・	生産性
		1	2	3	4	5	6	7	8		25		39
移動物体の重量	1			15,08,29,34		29,17,38,34		29,02,40,28					
静止物体の重量	2				10,01,29,35		35,30,13,02		05,35,14,02				
移動物体の長さ	3	15,08,29,34				15,17,04		07,17,04,35					
静止物体の長さ	4		35,28,40,29				17,07,10,40		35,08,02,14				
移動物体の面積	5	02,17,29,04		14,15,18,04				07,14,17,04					
静止物体の面積	6		30,02,14,18		26,07,09,39								
移動物体の体積	7	02,26,29,40		01,07,35,04		01,07,04,17							
静止物体の体積	8		35,10,19,14	19,14	35,08,12,14								
・													
操作の容易さ	33										04,20,10,34		
・													
生産性	39												

発明原理
04:非対称原理
20:機械的システム代替原理
10:先取り作用原理
34:排除、再生原理

できます。設定されている39のこのようなパラメータを用いてマトリックスの該当する縦と横の交点にある発明原理を見ます。そこに示されている発明原理から解決したい問題へのアイデアを導くというものです。

操作の容易さと時間の損失とからの交点にある発明原理に示されているものに「非対称原理」があります。これは、物体の対称な形を非対称に変更するという考え方で、解決できるアイデアがあることを示してくれています。この原理でのこぎりの改善を考えると、のこぎりの目を左右で変えたらどうかというアイデアが出てきます。また、「先取り作用原理」というのもあり、これは物体に対して必要な変更の一部またはすべてを事前に行う、また事前に準備するという考え方で、ここからはのこぎりの当て板を用いるというアイデアが出せます。

マトリックスを用いると、このように解決のためのアイデア出しの方向をフォーカスしてくれるわけです。つまり、「このような見方でアイデアを出したら解決の方向に近いですよ」ということを示してくれるものです。示された発明原理の中から問題解決できるアイデアを発想するのは個人の発想によるものです。こうすればよいという案をTRIZが出してくれるわけではありません。

ソフトでは、これをPrinciplesと呼んで、これにそれぞれの発明原理の事例が紹介されていますからアイデアが出しやすくなります。最も簡単に使えるものですから、TRIZ＝矛盾マトリックスであるような理解をしている人もいます。

(2) 物質-場分析

これは、システムを物質と場という最小のシステムの機能モデルとして捉えて、問題解決をしやすくする手法です。"場"からのエネルギーが"作用体"を通して"物体"に働いていることで技術システムが成立するとして、これを三角形でモデル化して表すものです。

のこぎりで木を切るときのエネルギーは人の力です。この力をのこぎりという作用体を通して木という物体に作用させているわけですから、図2-

図2-2 のこぎりで木を切る物質-場モデル

図2-3 真直ぐ切れない物質-場モデル

2のように表せます。図2-2は、問題のない状態を示していますが、上手く真直ぐに切れない状態は、作用体が不十分な作用をしている状態であるから、これを表すと図2-3のようになります。

このようにモデル化することで、どこに問題があるかが示されます。こうすることで、要素が不足していたり、作用が不十分であったり、あるいは有害な作用を発生していたりする状態を表現することができます。これを作用体や場に変更を加えることによって完全な物質-場モデルとすることを考えるわけです。そのとき、どのような解決の方向性があるかを示してくれるものが「76の標準解」と呼ばれるもので、この中から最適なパターンを選択することで解決案を考えやすくしてくれるものですが、標準解にこだわることなく考えてみて構いません。

例えば、のこぎりの切れを改善するために研磨材をのこぎりと木との間に用いたとすると、新しい物質を追加したわけですので図2-4に示す物質-場モデルで表せます。また、木を水につけて凍らせてから切るとすると、別の熱の場を追加したことになるので図2-5のようになります。さらに、のこぎりに振動を与えたとすると、別の場と物質を加えたことになり、図2-6

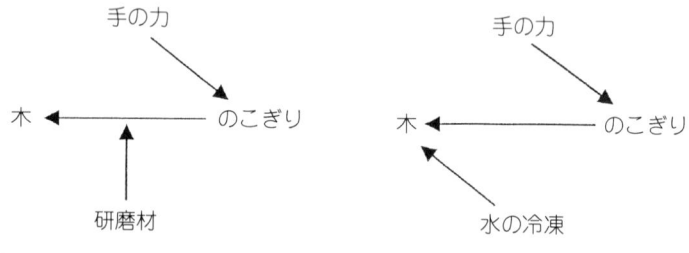

図2-4 研磨材を導入したときの物質-場モデル

図2-5 水で凍らせたときの物質-場モデル

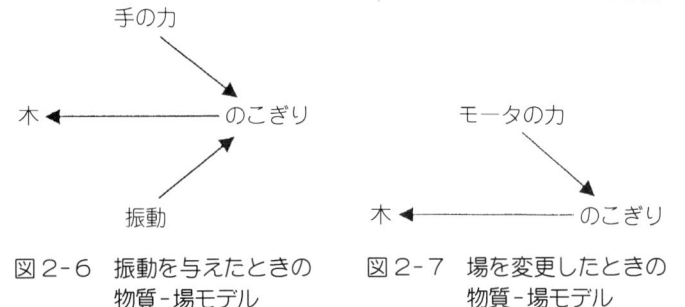

図2-6 振動を与えたときの
物質-場モデル

図2-7 場を変更したときの
物質-場モデル

のようになります。最後に、場を電気に変更してモータの力を用いるとすると、図2-7のようになります。このように、「場や物質を加えてみたらどうか、変更したらどうか」といった考えが物質-場モデルで表すことによって可視化できるので、新しい解決アイデアを出しやすくなります。

　物質-場を最小のシステムで捉えるといっているのは、物事は小さくして見た方が考えやすいので、アイデアが出しやすいということによるものです。例えば、のこぎりの改良アイデアを出せといわれても漠然としていてなかなか出しにくいですが、のこぎりの刃についてアイデアを出せ、あるいはのこぎりの柄についてのアイデアを出せといわれれば、考える方向が絞られますから出しやすくなります。これと同様に、問題を小さく捉えることによって解決アイデアを出しやすくするということが最小システムで考える理由です。

　TRIZでは、このような物質-場によって表現された問題解決の考え方が76の標準解として用意されており、物質-場分析では物質-場モデルを構築するのか、また物質-場モデルを強化するのかなどによって標準解が5クラスに分類されて、問題によって物質-場モデルの選択を示してくれています。

　ソフトでは、Predictionで新しい物質を加えるとか、新しい場を追加するとかによって問題解決するアイデア事例が示されています。また、加えるにしても、どこに加えるかなどの分類があり、物質-場モデルや標準解を意識しなくても使えるようになっています。

（3） 進化の法則

　特許を分析する中で Altshuller 氏が発見した技術進化の法則があります。技術の進化はランダムに進むのではなく、幾つかの典型的なパターンに沿って進化するというものです。一般に、S字曲線などで示される進化の過程には、次の八つに分類される法則が示されています。
　① 理想性増加の法則
　② システムの完全性の法則
　③ エネルギー伝導の法則
　④ システム諸部のリズム調和の法則
　⑤ 不規則に発展するパーツの法則
　⑥ 上位システム移行の法則
　⑦ マクロからミクロへの移行の法則
　⑧ 物質-場の完成度増加の法則

　あらゆるものに技術進化の普遍性があり、従って現在の位置を知ることによって将来の展開を読むことができるというわけです。技術が進化するには、それを必要とする環境や背景がありますが、そのときになって気づくのでは遅いのです。現在の利益のみを考えて将来のシステムの進化に乗り遅れてしまうことのないよう進化曲線上における現在の位置を見極めることが重要ですが、将来の進化方向を読むことで先手を打つことが TRIZ によって可能になるということです。

　ソフトには Prediction に 19 の進化事例が載っていますから、類似の事例を探すことが容易です。のこぎりで木を切るシステムはどのように進化していくかをソフトの中に載っている金属を切断する例を参考にして見ると、のこぎり→バンドソー→ウォータジェットなどの進化が考えられます。木でなければプラズマジェットなどもあります。このように、進化した技術事例から将来の技術開発方向が理解できるわけです。

（4） 科学的効果事例 Effects

　TRIZ の持っている膨大なデータベースとしての機能を用いてある技術を実現したい場合には、どのような「効果（科学法則、原理など）」が活用できるかを検討し、ベストな方法を選択する考え方ができると便利だと考えられます。このため、必要な「機能」からそれを実現するための「効果」を引く"逆引き辞典"のような使い方ができるようになっています。達成する機能を実現するためにどのような方法があるか、自らの分野の技術の中から考えるのでなく、広く他の分野、他の業界の技術を参考にして、物理、化学、幾何学に関する科学的・工学的効果集としてまとめ、問題解決のアイデア発想につなげようとしたものです。

　例えば、問題解決のためにブレーンストーミングを用いてアイデア出しをするような場合、批判厳禁、自由奔放、質より量、結合・改善という四つのルールを守りながら集団の力を生かして、連想による想像力を働かせていれば効率的なアイデア出しがいつでもできるとは限りません。それは、実際には自分の専門領域からの発想から抜け出すことが難しいからです。ブレーンストーミングの手法をよく知った各部門の専門家に集まってもらうことが実際に可能かというと、現実にはなかなかそうはいかない場合が多くあります。

　そのため、ブレーンストーミングで取り上げるようなテーマを機能で定義し、それを実現するための定理、法則、事例をまとめたものが Effects ということです。目的とする機能を達成するために、他の分野、他の業界ではどのような方法、原理を用いているのか、それがエッセンスとして掲げられています。

　あらゆる分野の技術を他のあらゆる分野に適用できるようにするため、実際の使用に際しては、問題をいったん抽象化して、一般的・客観的レベルで置き換えた上で事例を探し、そして自分の問題解決のための特殊解に適用するという過程で使用します。そのため、一般的レベルで示された事例から類推して自分の問題に適用することが必要です。木を切る方法を考えると、木

を切るということは物質を分離することであると考えてEffectsソフトの事例を見ます。そうすると、熱膨張を用いる方法とか、共鳴を用いる方法などもあり、普段すぐには思いつかない方法も示されています。

　Effectsソフトでは、実現したい技術の機能から大項目、中項目、小項目と選択していくことで、様々な技術分野での効果と実例を見ることができます。しかし、実現したい機能に対して、専門分野以外で紹介されている技術事例から直ちに問題解決を求めることは多くの場合難しいのが実情です。Effectsは、TRIZソフトの中に最も多く事例が載っているものですが、そのまま事例の方法を真似するのでなく、考え方を示してくれるものと理解しておくべきです。

3章
問題解決とは適用技術の選択

　TRIZでは、革新性・独創性のレベルの高い発明は、他の分野の技術を用いて問題解決をしているといわれています。これを実例で見ます。

3-1　こんな方法があったとは！
　　　エンジンのエアクリーナ
～高度なレベルの発明に挑戦～

　エンジンに使われる吸気を浄化するエアクリーナについて問題解決を考えてみます。

（1）　問題の概要

　自動車などの陸上で使用するエンジンに用いるエアクリーナの目的は、エンジンが吸入する空気からゴミや埃を除いて清浄な空気を吸入できるようにして、ピストンやシリンダを初めとする各部に摩耗などのダメージを与えないようにするためのものです。一般には、濾紙や不織布を用いて濾過効率何％と謳うほどの清浄な空気が吸入できるようになっています。サーキットなどを走るレース車でもない限り、通常のエンジンに標準装備される不可欠なものです。長期間の使用とか埃の多い環境で使用されると、濾過するエレメントに埃が堆積して吸入抵抗が増え、その結果、エンジンの性能が低下しま

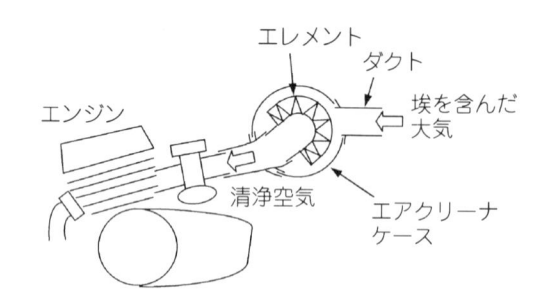

図3-1 吸気系統とエアクリーナ

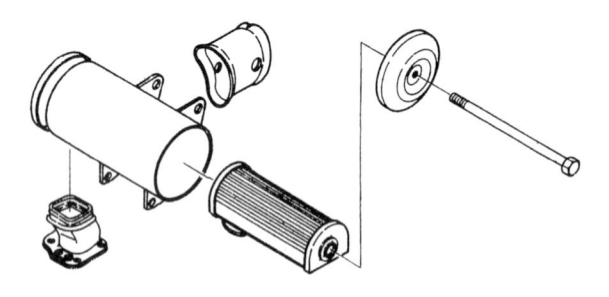

図3-2 従来の一般的エアクリーナ

　す。その際は、エレメントを交換することになります。エレメントは、限られた容積の中で濾過面積を得るため山谷に折って装着してあり、通常の使用では何万 km かでの交換でよいようになっているものです。最近では、ほとんど舗装路となっているため、その交換頻度も少なくなっています。エンジンの吸気系統とエアクリーナについて 図3-1 に示します。実際には、スペースなどの寸法的な制約から様々な形状のものがあります。一般的なエアクリーナの一例を 図3-2 に示します。

　かつて2輪車で、モトクロスなど、オフロードでの遊び方のできるモデルが企画されました。それまでは、2輪車は一般の路上での走行を対象としたものでしたので、モトクロスなどは従来にない新しいカテゴリーの2輪車といえます。オフロードが対象となると、それまでは走ることを考慮しなくてよかった砂漠などが走行対象の範囲となります。もうもうと巻き上がる埃の中を走るパリ-ダカールラリーの様子をテレビなどで見た方はわかると思い

ますが、オフロードレースとは、場所によってはそれと同様な状況の所を走る、要するに走れる所はどこでも走るというものです。モトクロスは、そのような遊び方、使い方を対象とするものです。

このような使い方をされたとき、エアクリーナはそれまでとは桁違いの大量の塵埃を対象とすることになります。向こうが見えないほどの埃の中では、たちまちエレメントが目詰まりを起こします。用いているエレメントの濾紙の上に埃が積もってしまって、抵抗が増え、使用できなくなる状態になります。遊びで、好んでこのような所を走るのだからといって、毎日エアクリーナのエレメントを清掃してくださいとはいえません。そういう所を走るのが悪いのではありません。そのような使い方を考慮した商品ですから、掃除が毎日必要ということでは商品として成り立ちません。かつては、日本の埃だらけの砂利道を走行していても問題なかったので、砂漠でも問題なく使えるだろうという思惑は見事に外れます。今までのレベルを超える大量のダスト保持能力を持った新たなエアクリーナエレメントの開発が要求されました。それができないと、オフロード用2輪車は商品として使ってもらえるレベルのものにならないのです。

エアクリーナのエレメントの機能は、エンジンが吸入する空気を清浄に濾過することです。人が着けるマスクと同じです。それには、少ない抵抗で空気を流せることと、ダストを効果的に除去すること、それとダストの保持性の3点が重要となります。まず1番目ですが、空気の通過する抵抗を減らさないと、エンジンが吸入できる空気量が減少してしまって性能が出ません。抵抗が大きいと息苦しいマスクになるのと同じです。2番目のダスト除去性能は、どの程度細かい埃まで完全に除くことができるかという清浄効率です。そして、ダスト保持能力とは、どれだけ大量のダストまで抵抗が増大しないかというダスト量の限界です。初期の抵抗が少なくても、少しのダスト量で急激に抵抗が大きくなってしまうようではまずいのです。メンテナンス期間の長さを決定する要素となります。

表3-1に示すように、どの機能も達成しないとエレメントとして成立できません。今回、特に重点とすべきは、濾過効率よりもダスト保持能力であ

表3-1　エレメントの機能

空気を濾過する ─┬─ 空気を流す
　　　　　　　　├─ ダストを除去する
　　　　　　　　└─ ダストを保持する

ることは明らかですが、そのようなエレメントはどうすればできるのかがわかりません。考え方はわかっても、達成手段が見つけられない状態でした。

　そんなとき、米国から「へちま」のようなエレメントが送られてきました。光にかざすと、孔から向こうの光が透けて見えます。これをオイルに浸して絞ってから使うということでした。ダストの捕集の考え方が、濾紙のように「濾す」というのでなく、埃をオイルに「くっつけて取る」という考え方で、従って目が粗くても埃を除去できるというものです。市場向けパーツとしてこのようなものが売られているわけです。さすがにアメリカです。面白い発想だとは思いますが、果たしてこんなもので埃が取れるのだろうかと半信半疑でした。しかし、とにかくやってみるしかありません。ほかに考えられる方法がないからでした。ところが意外にも、くっつけて取るというこの方法で埃がよく取るのです。これなら多量のダストが捕集できそうでした。

　このへちま状のスポンジエレメントは、確かに埃は大量に保持できます。しかし、本当にエンジンに使ったときに問題ないのか確認が必要です。実際に車両に取り付けて、埃だらけの中を走行して確認することになりました。ところが、何と今度は砂がエンジンに入ってしまい、シリンダが傷ついてしまいました。砂によるシリンダ壁の引っかき傷が発生してしまったのです。原因は粗い目から大きな砂が通過してしまったことによるものです。大きなゴミがオイルにくっつかずに目の間を通ってしまうのです。さて困りました。へちまの目を細かくすれば砂は取れますが、目詰まりで抵抗が増え、今度はダストの保持能力が低下します。目を粗くしたのでは砂が通過してしまいます。

　困って、エアクリーナメーカーに相談しました。そのとき、メーカーから

提案がありました。大きな砂はエレメントの手前で捕集しようという考えで、スポンジのエレメントの表面に植毛しておき、ここで大きな砂を集めようというものです。一つのエレメントで同時に二つの目的を果たそうとするから難しい、だったら機能を分ければよいという考えです。いわれれば納得できそうです。それには、植毛で捕集するのがよいのだというのです。糸を立てて植え付けた植毛方式とは、全く初めてでよくわからないものですが、他に考えられる手はないし、よいと思うのならやってみるしかありません。そして、植毛エレメントの試作品がつくられました。再びテストの結果、狙いどおり、大きな砂も小さな埃も見事に捕集してくれました。埃だらけの中でも使えるエレメントができました。そして、商品としてのオフロード走行が可能な2輪車を世に送り出せたのです。

　当時、こんな方法があったのか、これはすばらしい発明だと思いました。また、今でもそう思っています。しかし、アイデアとして機能を分けて二つのもので分担させるといっても、では具体的にどのようにして達成するかが問題になるわけです。目の粗さの異なる二つのスポンジを組み合わせてもよさそうです。しかし、提案されたものはスポンジの上に植毛したものでした。なぜ植毛なのかが疑問となります。われわれは、髪の毛がふわっと頭に上に乗っていても頭の地までは埃が来ない、また逆に、髪が邪魔して頭のフケが除きにくいとかの経験をしています。

　確かに、髪の毛のような作用はスポンジとは異なるかも知れません。目は粗くても絡め取ってしまうという感じでしょうか。でも、風の強い日は、髪が吹かれて直接地肌に当たるから、それと同じように吸入空気の流れで植毛が用をなさないのではという疑問もありますが、メーカーは「髪の毛ほどに長くなくても構わない、植毛ということが効果があるのであって、だからそんなに長い植毛でなくてもよいのです」といいます。なるほど、そうであればダストは除去できて、かつ抵抗が少なくてエアクリーナには都合よさそうです。では、どうやって植毛するのか、細い糸状のものをスポンジ表面にどうやって立ててくっつけるのか、その方法がまた思いつきません。

　「静電気って知ってるでしょ？」。そういわれれば、小学校の頃、下敷きを

摩擦させて静電気で髪の毛を立たせたのを思い出します。「簡単なことなんですよ」と、こともなげにいわれます。そういわれても、何が簡単なのかわかりません。植毛する糸がナイロン糸だと聞いて何となくわかってきました。でも、本当にそうなのかどうか確信が持てません。「静電気をかければナイロン糸が立ってくっついてきます」といいます。単なる遊びとしてしか見ていなかった静電気をそのように使うということは、目的を達成するための方法は意外と身近にあるということなのです。要は、それに気がつくかどうかということなのだと思い知らされました。

　原理を思いついても、その後、実際にそのアイデアで実用にするには多くの時間と試行錯誤が行われたことは想像に難くありません。しかし、最初はアイデアからの出発なのです。どんなアイデアを持ってくるかで、その後にかける努力の結果が違ってきます。もし、植毛を思いつかなかったら、そして静電気を使うアイデアが出せていなかったら、植毛タイプのエレメントは世に出ることはなかったし、あるいは図3-3のようなオフロードを走行できる2輪車が出るのがもっと遅くなっていたかも知れません。

　図3-4に、植毛エレメントを示します。このように多くのすばらしいアイデアを集めて完成できた植毛エレメントですが、用いている発明原理は局所性質原理、多孔質利用原理、組合せ原理、機械的システム代替原理などが

図3-3　オフロード走行可能2輪車

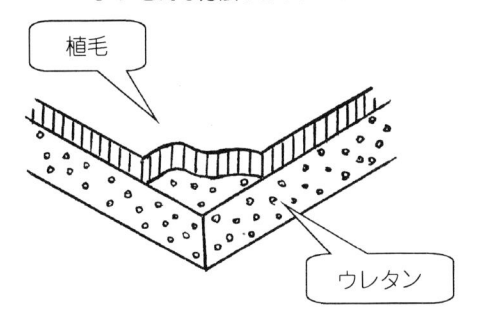

図3-4 植毛エレメント

挙げられます。よい発明は、多くの発明原理を利用しているといわれますから、植毛エレメントも、やはりレベルの高い発明であるといえます。では、同じようなアイデアが TRIZ を用いて出せるか考えてみます。

（2） 機能モデルの作成

エアクリーナエレメント周辺に関する要素および要素間の作用を記述した機能モデルを作成すると、物質-場のネットワークの関係で捉えることができます。Product 分析モジュールを使用して作成した機能モデルを 図 3-5 に示します。

機能モデルは、プロダクト、構成要素、スーパーシステムを記号で識別し、

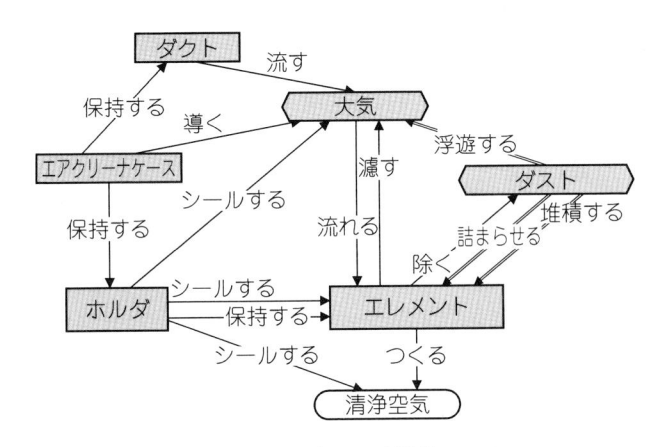

図3-5 エアクリーナ機能モデル

相互の関係を有用作用、有害作用で示すものです。エアクリーナのプロダクトは清浄空気で、大気に含まれるダストをエレメントで除去することによってつくり出されます。有害作用を発生させているのはダストであり、問題のある物質-場モデルとしては

　① ダストが大気中に浮遊する
　② ダストがエレメントに堆積する
　③ ダストがエレメントを詰まらせる

が抽出できます。

　これらの因果関係は、

　　　ダストが大気中に浮遊する→エンジンが作動して大気をエレメ
　　　ントを通して吸入する→大気に含まれたダストがエレメントに
　　　堆積する→ダストによってエレメントが詰まる

という関係なので、本来、ダストが大気中に浮遊していなければエレメントは不要で、問題は発生しません。しかし、いずれもスーパーシステムで表されるように変更できないものであり、問題の解決にはエレメントがダストによって受ける影響を最小限に食い止める方法を探すというアプローチになります。そこで、問題のある物質-場から、まず直接的に改善を試みる方法を考えてみます。

（3）　工学的矛盾解決マトリックスの適用

　目を細かくすれば細かな埃も取れますが、目詰まりで、今度はダストの保持能力が低下します。目を粗くしたのでは埃が通過してしまいます。工学的矛盾で考えると、改善したい項目を「ダストの保持量」、また悪化する項目を「目詰まりあるいは吸入抵抗」とすると、表2-1のように、改善するパラメータを「物質の量」、悪化するパラメータを「物体が受ける有害要因」が考えられます。これから導かれる発明原理として3：局所性質原理、35：パラメータ変更原理、40：複合材料原理、39：不活性雰囲気利用原理が挙がります。

　局所性質原理は、その物体の動作に最適な条件下で機能するようにすると

いうことから、捕集する埃の大きさによって用いる濾材の目を適当なものにするとか、2種類の目の濾材を用いるというアイデアが出てきます。パラメータ変更原理によれば、物体の物理的性質を変更することが示されており、これから濾紙や不織布以外の濾材を考えることになります。あるいは、単に濾すのでなく、オイルなどにくっつけるという取り方もあります。

　また、複合材料原理は均一な材料を複合材料に変更することであり、濾材としてこれまでとは別の材料が考えられないかを検討することになります。そして、不活性雰囲気利用原理は、通常の環境を不活性な環境と入れ替えることから、流速を落として埃を沈殿させるというアイデアにでもなるでしょうか。いずれも、発明原理に示されている考え方を元にこれまでの経験の中からアイデアを出してみましたが、これはと思うアイデア発想までには至りません。

　そこで、次にソフトの中にある事例から他の方法を探します。Principlesモジュールに示されている局所性質原理の事例から、「内部が霧になった円錐形の水」があります。図3-6のもので、霧と粉塵の両方を保持するため、円錐形の霧の周りにまばらに消散された水の層をつくり、細

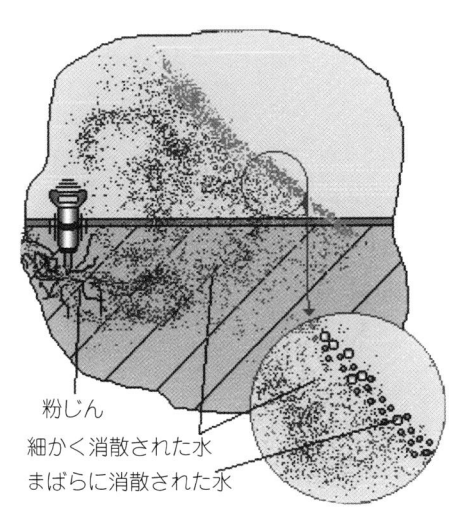

図3-6　内部が霧になった円錐形の水[1]

かい霧が粉塵を消掃し、まばらに消散された水の溶滴が坑内の作業場に粉塵が広がるのを防ぐという事例です[1]。これから目の大きさの異なる2層のエレメント材が考えられます。

（4） 標準解の利用

Predictionモジュールの進化の傾向の標準解から、図3-7の表面の細分化の事例があります[1]。これには、平らな表面→突起のある表面→粗い表面→活性細孔のある表面へと進化をすることが示されています。また、空間の細分化からは、中実→中空→複数の中空→多孔質への進化が示されています。これらから、エレメント材として濾紙から毛羽立った材料へ、そして多孔質へと転換するアイデアが得られます。

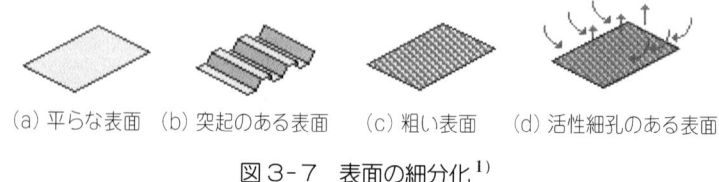

(a) 平らな表面　(b) 突起のある表面　(c) 粗い表面　(d) 活性細孔のある表面

図3-7　表面の細分化[1]

（5） 科学的効果・法則および関連事例の利用

知識ベースを用いてエレメントに関するアイデアを探すと、Effectsモジュールによって、「物質：排除する」項目の「粒子を除去する」例の中から「濾過」を見ると、多孔質フィルタのアイデアが得られます。多孔質という言葉からは色々な多孔質のものが浮かびます。スポンジだけでなく、金属のものもあります。また、単に金属といっても色々な材料や製法のものがあります。

では、植毛タイプのエレメントのアイデアに到達できるか検討してみます。同様に、Effectsモジュールを用いて「物質：排除する」項目を選んで、「粒子を除去する」多数の適用例の中から「フリースブラシによる汚れの除去」が見つかります。

図3-8は、洗車時に自動車の塗料被覆が損傷するのを防ぐため、洗車の

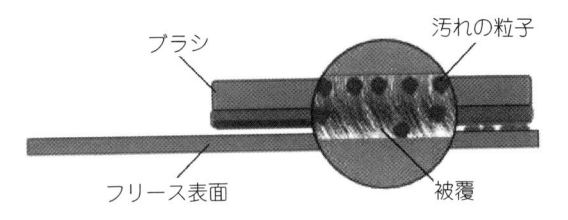

図3-8 フリースブラシによる汚れの除去[1]

際に車の表面の塵や細かい砂の粒子がブラシの繊維の間に入り込む様子を示しています[1]。このようにして、砂や塵が車の塗料被覆と直接接触することがなくなり、塗装被覆が傷まないというものです。軟らかい布を用いて洗車するのは埃を埋めて絡め取るものだとは感覚的に知っています。そういわれれば、これは利用できそうです。毛糸の中に入ったゴミは取りにくいという現象を思い出すと、植毛エレメントで初めに想像していた髪の毛ほどに長くなくてもよいということです。

では、毛を立てて植え付ける方法についてはどうでしょうか。これについても検討してみます。Effects の「パラメータ：変化させる」項目の「幾何学パラメータを変化させる」適用例の中から、図3-9のような毛皮の処理法が見つかります[1]。説明には、「乾燥した毛皮を 500〜800 kV/m の強い静電界に置く。電界では、毛は電荷のように帯電し、毛同士が静電気斥力

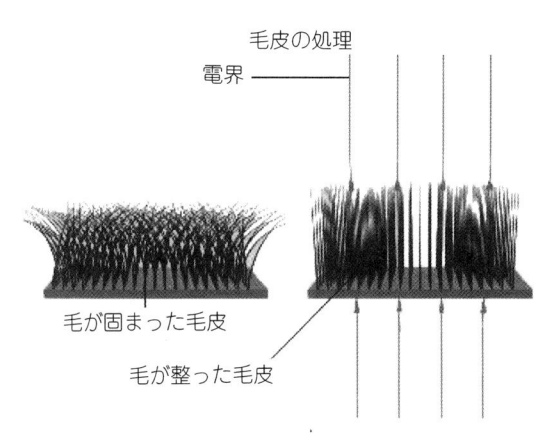

図3-9 毛皮の処理[1]

により互いに反発して毛のもつれがほどけ、整列する」と解説されています。植毛エレメントで説明された原理です。

　これで、何とか植毛タイプのエレメントのアイデアに到達できました。実用されたアイデアを知っていてソフトの中の事例から探し出すだけですから、新しく得られた発想ではないですが、一部の人のすばらしいアイデアが、一般レベルの者であっても TRIZ によって同様のアイデアが出せるということだと考えてください。

　当時、日本で TRIZ を誰一人知っていたわけではないですし、何かに植毛エレメントの事例が紹介されていたとか、載っていたわけでもありません。埃を除去するのに、単純に濾過するのでなく、植毛で絡め取るというアイデア、そして静電気を用いて立てて接着するという製法アイデアは、必ずしもそれまでのエンジンのエアクリーナだけからの発想でないことは明らかです。当時、このアイデアを思いついたのは、日頃からの問題意識によるものだと認識していますが、TRIZ でいうように、レベルの高い発明には他の分野の技術を用いることがいかに重要であるかを示しています。そして、その技術が TRIZ ソフトには載っています。

（6）　トリミングの検討

　実用例の後追いながら TRIZ で植毛エレメントについて同じようなアイデアが出せるということはわかったわけですが、レベルとしてやっと同等レベルになったというだけです。また、エレメントの機能から見れば、ダスト保持能力を上げただけであって、目詰まりの問題をなくせたわけではありません。ダスト保持能力を上げて、実用上問題のない程度にメンテナンス期間を延ばせただけであって、エレメントの持つダストの保持能力が限界となったら、掃除あるいは交換するという問題が根本的に解決できたわけではありません。実用上はこれで全く問題はないわけですが、エレメント自体をなくすことができれば、これに起因する問題は発生しないことになります。

　そこでトリミングを用いて発想が可能か考えてみます。先の機能モデルからエレメントをトリミングした機能モデルが 図 3-10 です。TRIZ の考え

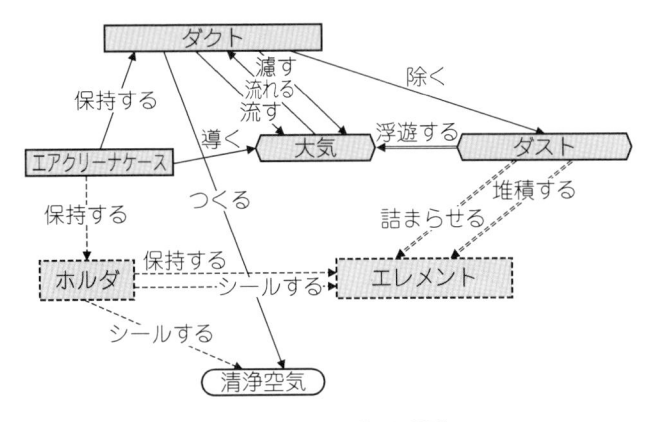

図3-10　トリミングした機能モデル

方として、問題解決に際して新たな追加するものを加えるのでなく、システム内に既に存在するものを利用するという考えがあります。

　エレメントをトリミングすると、これを保持するためのホルダも不要となりますから、構成要素はダクトとエアクリーナケースだけになります。エレメントが持っていた機能としての「ダストを除く」作用をなくすことはできないので、この作用をケースかダクトに肩代わりさせることになります。ダストを分離する機能について、Effectsモジュールを用いて事例を見ると、図3-11のように「物質：分離する」の「粒子を分離する」例の中から、「遠

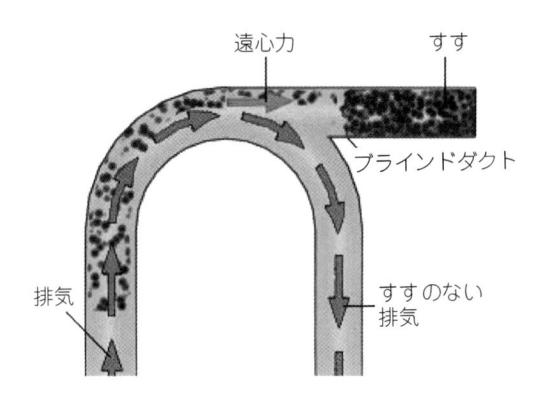

図3-11　遠心力による排気からのすすの分離[1)]

心力による排気からのすすの分離」が見つかりました[1]。
　また、「物質：分離する」項目の「液体物質を分離する」中からも、「遠心力による空気からの油滴の分離」が見つかります。遠心力は、昔から色々なものを分離する手段として用いられています。実際には、遠心力を与えて分離する効果は流速に依存しますから、ダクトの通路面積を小さくして適用することが効果的と考えられます。しかし、エンジンは使用条件が変動するため、流速の変動が大きく、低回転から高回転まですべてにわたって効果的な分離は難しいと予想されます。それは、低回転では流速が遅くて十分な遠心力が得られにくいため、その流速に合わせた仕様にすると、今度は高回転で抵抗が増えてエンジンの吸入に際して空気量が不足してしまうという問題が考えられるからです。
　そこで、矛盾解決マトリックスを用いて改善を考えます。流れによって起こされる遠心力を大きくすると、流れの抵抗が増え空気流量が低下します。そこで、改善するパラメータを「速度」とし、また悪化するパラメータを「移動物体のエネルギー消費」とすると、マトリックスの交点から得られる発明原理に「ダイナミック性原理」があります。Principlesモジュールからダイナミック性原理の事例を見ると、図3-12の「可変ピッチのスクリュコン

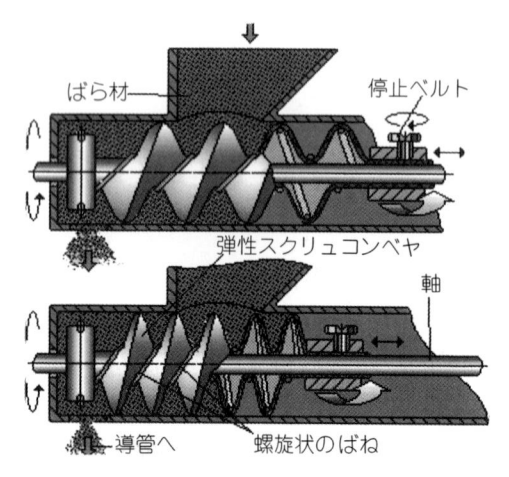

図3-12　可変ピッチのスクリューコンベヤ[1]

ベヤ」が見つかります[1]。

　これは、必要に応じて諸元が変化すればよいということを示しています。一般に、流量係数は通路の形状で決定されるから、流速を大きくする通路形状は流量が得られなくなることは知っています。では、どうすればよいのかというと、図3-12には、必要に応じて仕様が変わればよいということを示してくれています[1]。これから、ダクトを可撓性(かとう)材料で製作して、流速が増えて抵抗が大きくなると遠心力を低下させるような形状とすることで、抵抗を下げて流量を確保するというアイデアが得られます。固定したものでなければいけないということではないわけです。

　そうすると、エンジンは酷暑地から寒冷地まで、どこでも使われるものだから、温度変化によっても安定したたわみ特性が得られるのかという問題が提起されます。しかし、別に樹脂やゴムを想定しなくても一般的な金属で可撓性を持つものはあります。南極などの極寒で使用するものでない限り、通常の金属を用いて構成することは可能です。TRIZでは、遠心力で分離するアイデアを示しているので、実際に応用するにはどんな遠心力発生のさせ方が有効かなど、具体的な検討を要することになります。どんな材料を用いてどんな設計をするかは固有技術です。

　これが、エレメントをトリミングすることによって、エレメント以外でダストを除去するということに着目して得られたアイデアとなります。一見、何でもないアイデアのように思えますが、トリミングすることによって機能を肩代わりさせるという着眼点から、従来のアイデアを越える案が出せる可能性があるということが理解できます。トリミングすることを考えなければ、エレメントをなくそうとは決して思いません。エレメントは、当然 必要なものだという考えを信じ続けることになります。TRIZで心理的惰性といわれるものです。

　しかし、ダストを除去する方法は、遠心力を用いるもの以外にも考えられるはずです。そこで、ソフトのEffectsを開くと、他の方法を用いた事例を見ることができます。「物質：分離する」とか、「物質：排除する」などの項目を探すと、エアクリーナに適用可能と思われる事例が見つかります。一部を

42　3章　問題解決とは適用技術の選択

表3-2　Effectsからのダスト除去アイデア（一部）

物質：排除する	物質：分離する
・粒子を除去する 　　ガスから固体粒子を取り除く方法 　　エアジェットによる泥の除去 　　静電界による気体の除去法 　　静電気集塵装置 　　コロナ放電によるほこりの収集 　　埃粒子集塵機 　　超音波濾過 　　摩擦電気による空気の浄化 物質：生成する ・粒子を生成する 　　電気泳動（電界による粒子の 　　　　　流れの生成） 物質：結合する ・構造化物質を堆積する 　　静電界における粒子の堆積 パラメータ：減少させる ・濃度パラメータを減少させる 　　気体における埃の除去 ・電界パラメータを減少させる 　　空気圧系の静電電位制御装置 パラメータ：変化させる ・流体の流れを変化させる 　　帯電による疎性材料の密度変化	・固体物質を分離する 　　荷電シリンダによる微粒子の除去 　　混合物の電磁分離 　　振動フィルタ 　　非磁性物質の分離 ・気体を浄化する 　　流動化したゼオライトによる空気からの 　　　不純物の除去 　　高所の吸気装置による清浄な空気の供給 ・粒子を分離する 　　コロナ放電による粉末の分離 　　混合物の分離 　　マグヌス力による粒子の分離 　　音による粒子駆動分離法 　　慣性力によるガス流からの粒子の分離 　　空気分離装置 　　磁場勾配による分離 　　振動ふるいわけ 　　粘土顆粒の処理 　　波動ベルトのふるい 　　分別デバイス用アクチュエータ 　　粒子の分級 ・粉体を分離する 　　エレクトレット分離装置 　　セパレータ 　　粉末材料のふるいの設計 ・物質を抽出する 　　超音波フィルタ

表3-2に掲げました。遠心力は誰でも思いつきやすいものですが、それ以外での方法を考えれば、エアクリーナに使えるもっと効果的な方法が実現できそうです。他の分野の技術を用いて解決するというTRIZの狙いが理解できます。それによって、エレメントをなくしてダストを除去する方法が網羅的に探せることが理解できます。

この事例から、TRIZが誰にでも、「技術的な問題解決に使える」ものであることが理解できます。大切なことは、ソフトに示されている事例から自分の問題解決のアイデアとして発想することで、事例は考え方を示してくれているものだと考えることです。

3-2 解決には固有技術の習熟が不可欠！
水力発電機
～必要なのは機能の定義～

川の流れで発電する簡易水力発電機について問題解決を試みます。

（1） 問題の概要

キャンプ地や途上国など、電源のない所で簡易に電力を得ることを目的として、川の流れを利用して発電する水力発電機があります。発電機を水に浮かべて水車によって発電しようという携帯型発電機です。山間部では流れが速いですから、当然発電が可能ですが、比較的下流のゆっくりした流れの所でも発電できます。その際、誰しもが考えるのは、最も効率よく発電するために川の流れの最も速い所に発電機を置きたいということです。岸の近くよりも中央寄りが一般的に流れが速いので、単純に流れに浮かべるだけでは押し流されて、遅い所に寄って行ってしまいます。また、場所によっては深い所もあるでしょうから、単純に中央部が最も流れが速いとはいえないし、川

図3-13　水力発電機設置状態[2]

幅の広い所もあるので、川の中に杭を打つわけにもいきません。岸に浮かべるだけで自動的に最も速い流れの所に移動してくれるもので、常に最も速い流れの所に追従して行ってくれることが目標となります。イメージとしては図3-13に示すものです[2]。

このように、ロープにつながれて常に最も流れの速い位置を探して左右に移動するものです。これは、今までそのようなものがないため改良を考えるのでなく、要求を達成するためのアイデア出しが求められることを意味しています。

（2）解決方法の検討

流れの中で、それとは異なる方向の力を得る方法といえば、飛行機の翼があります。翼を水中で用いて力を得ているものに水中翼船が思い浮かびます。何トンもの船を水面上に浮き上げる力を水中翼が持っていますが、船の大きさから見ると相対的にたいして大きくはないように思えます。でも、水は空気の800倍の密度ですので、小さな翼面積で大きな揚力が得られます。そうすると、翼を縦にして川の流れの中に入れると揚力で横に動く力が生じて、より流れの速い場所に向かって移動しそうです。

翼に関する事例を探すと、Effectsの「物質：移動する」項目の中に、「固体物質を移動させる」の事例として「揚力効果」が載っています。解説には、「曲面が空気中で移動すると、空気力学効果のために揚力が発生する。揚力

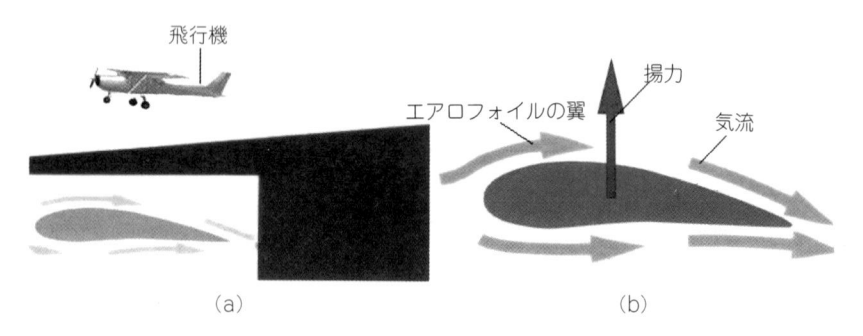

図3-14　揚力効果（エアロフォイルを流線型にすると揚力が発生する）[1]

は面の運動方向に垂直に働き、面の上面と下面にできる流速差によって生じる。エアロフォイルの縁が大きく曲がっていれば、それだけ速くなるため、ベルヌーイの定理に従って圧力が低下する」という説明があり、揚力は流体の密度に比例し、速度の2乗に比例することが式で示されています。図3-14が揚力効果を説明するものです[1]。

（3）特許実施例

翼形状で解決に対する考え方は間違っていないと思いますが、特許事例には、発電機ケーシングの先端に水車の反トルクを打ち消すフロートを備えて、そして水中に没する斜め配置の羽根が受ける水の圧力によって発電機本体を流れの速い所に自動的に案内する方法が示されています。図3-15と図3-16に、特許明細書に示されたものを掲げます。

羽根は翼断面と明細書に書かれていますが、羽根が受ける水の圧力によって案内されるメカニズムが説明されていません。川の流れの速さから、斜めに配置して圧力を利用する方がよいのか、それともこの場合は斜めに配置して後流に発生する渦の影響は考慮しなくてよいのか、舟艇などの固有技術がないと判断できません。むしろ、固有技術を有する方にとっては、この程度の問題はたいした障害もなく考えつくものかも知れません。

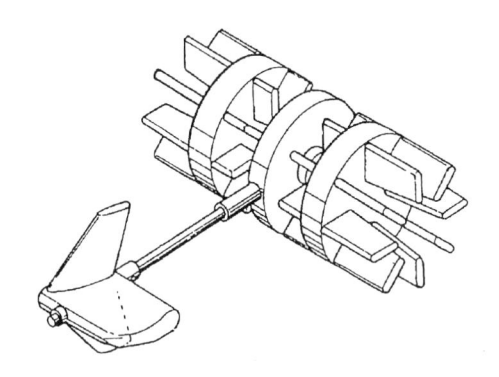

図3-15　水力発電機の斜視図

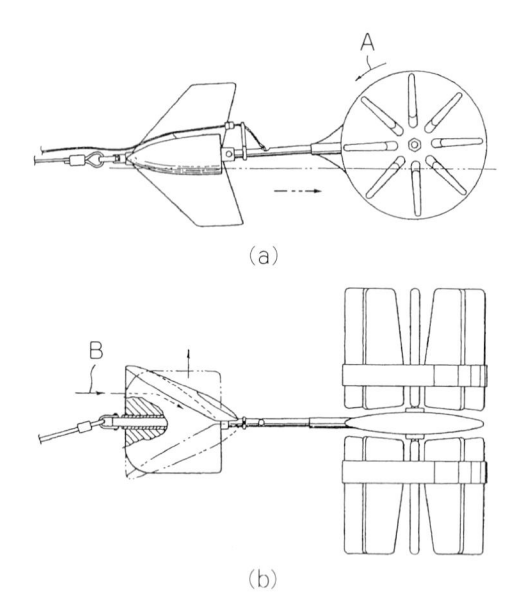

46   3章　問題解決とは適用技術の選択

(a)

(b)

図3-16　水力発電機の平面図

（4）　問題解決のヒント

　この発明については、長い間理解できませんでした。どうして、これで流れの速い所に移動して行けるのか、どんな原理を用いているものなのかがわかりません。ずっと気になっていたものですが、あるとき、見ていた本に載っていました。動力を使わずに川の向こう岸に渡る船の開発の話です。内容を転記すると、次のとおりです[3]。

　「川岸の2倍ほどのロープの一端を上流の右岸に固定し、他端を模型船の船首に近い左舷に固定すると、図（注：本書では図3-17[3]）のように、船は流れに対して右向き斜めの姿勢を保つから、左舷から船体に当たる水の力で、船は川を横切って向こう岸に達することができる。そこで、ロープの固定点を左舷から右舷に移すと、船は流れに対して左向きとなり、再び川を帰ってくるのである」

　そして、この原理は凧揚げと同じだというのです。

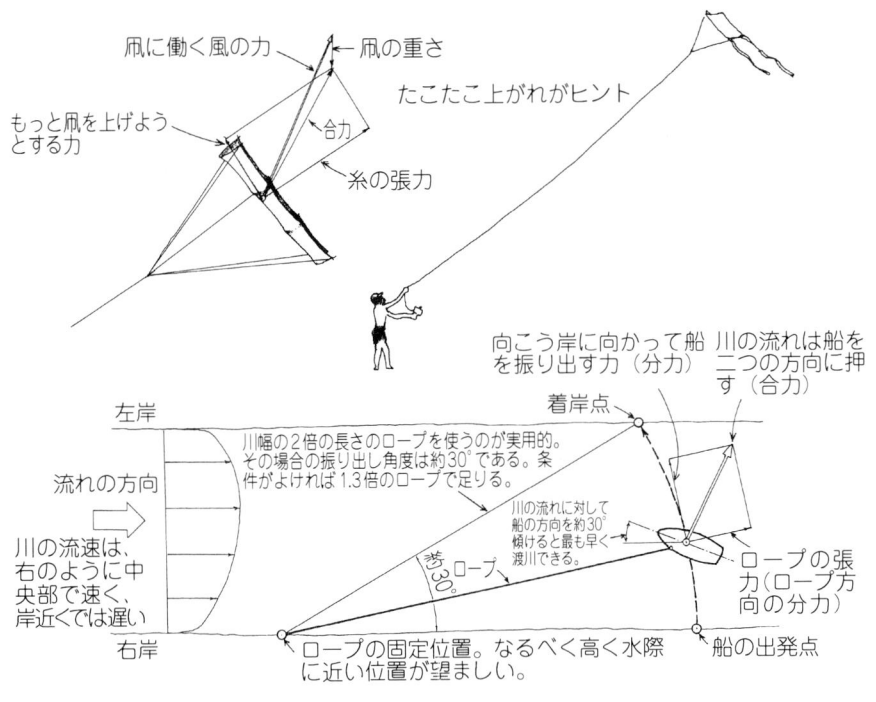

3-2 解決には固有技術の習熟が不可欠！水力発電機　47

図3-17　横自然力ボートの原理[3]

「凧の面は、風に対して前上がりの適当な角度がつくように調整してあり、風の流れを下向きに変えて、その反力が揚力となって、凧は高く上がるのである。風の圧力を下面に受けるから揚力が発生すると考えてもよい。凧も凧糸も軽くて抵抗が少なく、凧の揚力が大きいほど、凧は急角度で高く上がる」

凧揚げでは風の強さによって角度を調整するが、水力発電機では羽根の分力とロープの分力とのつり合いですから、ロープの長さをある程度長くしておけば、弱い流れの中でも移動して行きます。

図3-17の原理を利用したもので、これは、流れの力を利用して動力を使わないで川を渡れるので、横自然力ボートと名づけられ、急流が多く交通の遮断されるネパールで使われたとのことです[3]。そして、横自然力ボートの船の後に発電機を取り付けたものが水力発電機だったのです。浅い川でも使

えるよう、回転を取り出すのがスクリュでなく、わざわざ外輪船の水車というのもなるほどと思います。

　翼を用いればよいという考えは外れでした。流れに翼を用いれば移動する力が得られると思い込み、ほかの方法に一切目が行かなかったことから、TRIZでいうところの心理的惰性に陥ってしまって、自分の考えを裏づけるためにEffects事例を見たりした悪循環となっていたわけです。"移動する力＝揚力"だから、すなわち翼断面であるという先入観でしか考えられなかった未熟さが思い知らされました。これではTRIZを用いても先人のすばらしいアイデアには及びません。問題解決のヒントはどこにでもある、それに気づいてどのように応用するかということであると痛感させられました。

　ところで、TRIZでは問題がうまく解けないのは問題の定義の仕方に問題があるからだとされています。新しい技術システムを考える際には、機能に着目して、その機能を達成する方法を考えるわけですが、例えばVE（Value Engineering：価値分析）においては機能の整理（機能系統図）を行って、より上位の機能についてアイデア発想するというのと同様に、制約を少なくしてアイデアを出しやすくすることが目的です。

　水力発電機の場合の流れの中への振り出しについて求められる機能は「流れの中を横に移動すること」です。川の流れの中に斜めに板を置けば、分力によって横に押されることは誰でも知っています。それは船の舵と同じ働きです。TRIZソフトは、設計事例集ではないので特許にない凧揚げの原理は載っていませんが、機能をきちんと定義すれば、新たなシステムであっても解決策が出せるということはTRIZに限ったことではないということです。機能を定義することもなしで、いきなりTRIZソフトを見るというのは誤った使い方となります。これでは、問題解決できる新しい発想はできません。

　TRIZを用いなくてもすばらしいアイデアの出せる人もいます。また、TRIZを用いてもこのように大して役に立たないアイデアしか出せない場合もあります。それは使う人のレベルの問題です。

引用・参考文献

1) Tech Optimizer^{TM} Professional Edition J
2) 公開特許公報：昭61-19977 水上浮遊体の案内装置
3) 堀内浩太郎：あるボートデザイナーの軌跡，舵社（昭和62年）p.227

4章
実例に見る、適用する"場"で異なる解決法

　技術システムを最小のシステムで捉えてみると改善策が見つけやすくなります。"物質-場"分析は、システムを可視化することによって色々な見方を可能にするものです。これを問題解決の例で考えます。

4-1　場を変えて進化する洗濯機
〜場で考えれば進化がわかる〜

　どの家庭にも洗濯機があります。衣類の汚れ落としを洗濯システムとしてみると、洗濯機の問題解決に対して物質-場分析の使い方がよく理解できます。洗濯とは、物質である衣類に作用体としての水（洗剤の入った水）を用いて汚れを落とすことです。水をどのように作用させるか、そのためにエネルギー源としての場を用いています。汚れをきれいに落とすために色々な方法を用いているわけですから、洗濯システムの物質-場を図示すると図4-1ようになります。

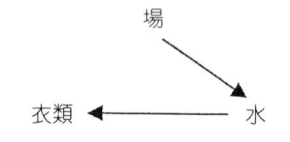

図4-1　洗濯システム（水を作用させて衣類の汚れを落とす）

（1） 洗濯機の技術的変遷

　効率よく汚れを落とすためには、まず水を洗濯物に平均に行き渡らせて部分的な汚れ残りがないようにする水流の発生のさせ方が問題となります。一般的な縦型の洗濯機は、パルセータを回して水の流れを発生させて洗濯物に当てていますから、機械の場を用いていることになります。かつては、水流の強弱の切換えや衣類のからみを防ぐためのからまん棒と呼ばれるものを用いた洗濯機がありました。また、水流の反転は簡単で最も有効なことから、その方式は現在でも用いられています。

　からみ防止はもちろん必要ですが、単純な流れだけでなく、複雑な水流が洗濯物を動かすために効果的であるという考えから、ドラムを斜めにしたり、滝のように水を落とし込む方法も採られました。あるいは、繊維への浸透をよくするために遠心力を用いるものとか、洗剤の濃度を高めるため、また水量を減らす方法として泡を用いるものもありました。これらは、いずれも水を衣類にどのように当てるかという観点から水流の発生のさせ方の方法であり、機械の場を用いているときの改良とみられます。

　汚れを落とすための方法は水の流し方だけでないという考えから、超音波を用いるものも登場しました。超音波で発生させた泡の消滅するときの衝撃で汚れを落とすという考え方です。泡の作用は機械的かも知れませんが、汚れの落とし方についての着目の仕方が異なることから、用いている場は音響の場であるといえます。

　次に、水そのものを変更してきれいに洗おうという考え方のものが登場しました。軟水化することで衣類の白さを維持できるというもので、イオン交換樹脂が用いられました。これは化学の場を用いていることになります。

　そして、汚れを落とすのに汚れを分解してしまうという別の考えのものが出ました。電気の場を用いて電解水にするというものです。これも、水に対して変更を加えているものですが、電解水の殺菌作用によって、軽い汚れなら洗剤なしで汚れが落とせるというのが謳い文句です。

(2) 汚れ落しに用いられた場

こうしてみると、洗濯システムが"場"を変更することによって汚れ落しの方法に対する概念を変化させてきていることがわかります。よりきれいに洗うために、あるいはより経済的に洗うために、機械の場を用いていたときにはできなかった方法が、別の場を用いることで可能になってくるわけです。場を変えることによる進化をまとめると、次のようになります。

```
洗濯機の進化事例
  機械の場・・・水流切換え、からまん棒、斜めドラム、滝、遠心力、泡
  音響の場・・・超音波
  化学の場・・・軟水化（イオン交換樹脂）
  電気の場・・・電解水
```

この進化は、乾燥機能などの付加機能でなく、汚れを落とし、きれいに洗うという主有用機能についての進化です。この事例からみると、TRIZ でいうように場を変えて考えてみることで次の技術進化が発見できそうです。場の変更は最大問題（一切の条件を考えずに問題を考える捉え方）となりますから、商品化できるまでの開発には多くの資源と時間を要します。しかしまず、用いるエネルギーを何にするかという最初の着眼点について物質-場でみると解決について考えやすくなります。先に着手するほど開発は先行できますから、このように物質-場分析は活用できると大変役に立ちます。

4-2 場を変えて正解が得られたリーンバーンエンジン

～場の変更で鮮やかな問題解決～

自動車エンジンの歴史の中で最も大きな問題であったのは、何といっても排気ガス対策でしょう。カリフォルニアの大気汚染で有名になった米国のマスキー法と呼ばれる厳しい排気ガス規制値に期限付きでの対応が求めらま

した。適合できないと、自動車を販売することが許されなくなってしまう厳しい規制です。日本においても、光化学スモッグによる被害が発生したことから、排気ガス公害として問題になり、昭和40年代の途中から開発の方向が大転換させられることになりました。

今ではよく知られていますが、自動車メーカーに対して突き付けられたこの難問は、CO、HC、NO_x という排ガス3成分に対して同時低減を求めたものですが、その対策の方向性は全く異なっています。エンジンに供給する空気と燃料の混合気が最も影響しているということはわかっていますが、濃くするにしても薄くするにしても、いずれもそれぞれ大きな欠点があります。最もよいのは、触媒を用いて燃焼の後で処理する方法ですが、誰がどんな使い方をしても何万kmもの耐久性が保証できるほどの触媒がまだ開発できていません。

自動車としての信頼性を考慮すれば、触媒という今まで縁のなかった化学的な対策に期待するよりは、技術的な課題はあっても、エンジン側で対策できるのがベストです。そのためには、混合気を濃くするよりも、従来使えなかった薄い混合気での運転を可能にすることが得策となります。薄くすることができれば、3成分の同時低減ができるからです。しかし、薄くすると、燃焼室の中で着火できなくなったり、火炎が伝播できなくなったりして、安定した運転ができなくなります。

ガソリンは、理論値よりも濃い混合気には強いのですが、薄い方向にはあまり向いていません。しかし、点火プラグ付近には着火可能な濃い混合気をつくり、そのほかの部分に薄い混合気を持ってくるようにできれば可能性はあります。はっきりいえば、それしか方法はありません。また、エンジンの燃焼は毎回変動しているため、実際の使用域よりも、さらに余裕を持った薄い領域での運転を可能にしておく必要があります。混合気は薄くなければならないが、同時に濃くなければならないという矛盾です。それを解決する具体的な実現可能な達成方法がないのです。

(1) 機械的な実現

そのため、図4-2に示すように燃焼室に副燃焼室を設けて、副室に濃い混合気を供給し、そして主室には薄い混合気を供給し、全体として薄い混合気での運転を可能にしようというアイデアが出されました。強制的に燃焼室を分離するという方法で、濃くて着火の安定する副室にプラグで点火し、副室からの火炎によって燃焼しにくい薄い混合気を安定して燃やそうというものです。

主室と副室に副燃焼室用と主燃焼室用に二つの気化器を備えることはもちろんですが、単純に考えただけでも設定する混合気濃度や量および比率、副室の容積や位置、形状、また連通する通路の大きさや角度など、パラメータは膨大になります。組合せを考えれば、その数は無数なものとなります。副室を一つ加えただけで、その困難さは、とても通常のエンジンの比ではありません。

原理的には正しいのですが、パラメータの組合せを考えるとなかなかすべてが確認できるものではありません。まして定常運転時だけでなく、冷機時

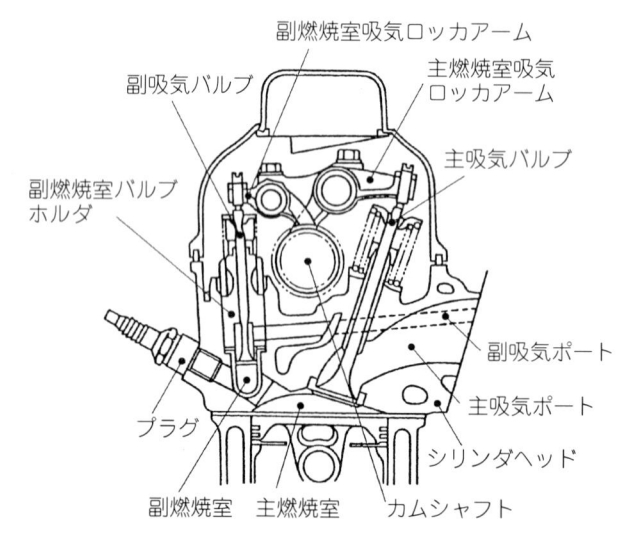

図4-2 副室燃焼室を備えたエンジン

や暖機時から加速時、減速時など、あらゆる条件を考慮しての仕様設定はとんでもなく時間と工数のかかることが想像できます。すべての条件でベストな仕様が得られるとは考えられないわけですから、困難さは想像に余りあるものです。

（2） 電子制御による実現

　やがて、ガソリンの無鉛化なども実施され、排気ガス対策に触媒を用いることが一般的となりました。触媒を効率よく働かせるためには、混合気の濃度を精密に制御することが必要になることから、電子制御燃料噴射が用いられるようになりました。燃料に圧力をかけておいて、電磁弁の ON-OFF でエンジンへの燃料噴射を行います。噴射量は、電磁弁の通電時間で制御するわけです。

　触媒での浄化のために混合気の濃度の精密さが求められますから、フィードバック制御などの制御技術が大きく進歩しました。しかし、その濃度による燃焼は、理論空燃比と呼ばれるあまり薄くもない領域付近で均一混合気によるわけですから、エンジンにとっては燃焼についての技術はそれほど求められませんでした。噴射する位置や角度、噴射のタイミングや燃料粒子の大きさなどの幾つかのパラメータはありますが、問題なく確認できる程度のものです。もちろん、副室などを用いない通常の燃焼室です。

　しかし、いつの時代でも燃料の経済性は求められます。特に、欧州は燃費についての要求が厳しいことから、欧州向けを主体として開発されたリーンバーンエンジンが出現しました。エンジンは、通常使用域のようなスロットルを少ししか開けていない状態では吸入負圧が増大してロスが大きくなります。ディーゼルのように、スロットルなしで燃料の量によって出力が制御できれば燃費は向上します。ガソリンでは、スロットルなしというのは難しい課題ですが、混合気を薄くして運転できるようになれば、もっと燃費は改善できることになります。考えてみれば、以前と同じリーン混合気での運転という課題が再び出てきたことになります。かつては、排ガス対策としての課題でしたが、今度は燃費の改善が目的です。そして、採られた手法は極めて

簡単なものでした。

　単純に考えれば、要はどんな運転条件でも燃料が点火プラグ付近に行くようにすればよいということです。もちろん、濃すぎたりして限界を超えては駄目ですが、吸気ポートから噴射するのですから、吸気に乗って燃焼室に運ばれて行く間に可燃範囲の混合気濃度になります。気化器を使った場合には、吸気行程の始めから終わりまでの間で混合気濃度を変えることはできません。

　しかし、燃料噴射を用いると噴射タイミングをいつに設定するかによって吸気行程での濃度が変わります。このことは、混合気の塊が吸気に乗って動いていると考えれば理解しやすくなります。ですから、吸気にプラグに向かう流れをつくっておいて、吸気に乗った混合気の塊が点火時にプラグ付近にくるように噴射時期を設定しておけば、全体としては薄くてもプラグ付近は燃料があり、燃焼可能になります。こうすれば、副室を用いることなく、燃焼室中に濃い部分と薄い部分とをつくり出すことができるというわけです。

　構造的には、従来と全く変わるところがありません。それでいて、副室の時代よりもはるかに薄い混合気が使用できます。もちろん、吸気の燃焼室内での流れ方をどのようにするかとか、噴射弁の取付け位置や燃料の粒子の挙動であるとかをシミュレーションなどで確認しておくことが必要です。その上で、実際に運転して確認して決定することはもちろんです。さらに、排ガス濃度をセンサで検出してフィードバックするとか、点火のエネルギーを増大して着火のチャンスを増やすようにするなどの対策を加える必要がありますが、リーン状態でも安定して燃焼できるようにするための基本となるコンセプトは吸気の流れと噴射時期の設定だけなのです。

　これでリーンバーンを可能とするコンセプトが確立されました。車両においての実現には、それまでと異なるリーン雰囲気でも浄化可能な新しい触媒の開発などの周辺技術の確立やシミュレーション技術があってこそ可能となったものです。図4-3が、この考えに基づいて実現されたリーンバーンエンジンです。これで、リーンバーン実現のための正解が出されたと考えられます。それは、その後、相次いで多くの自動車メーカーから同様のコンセプ

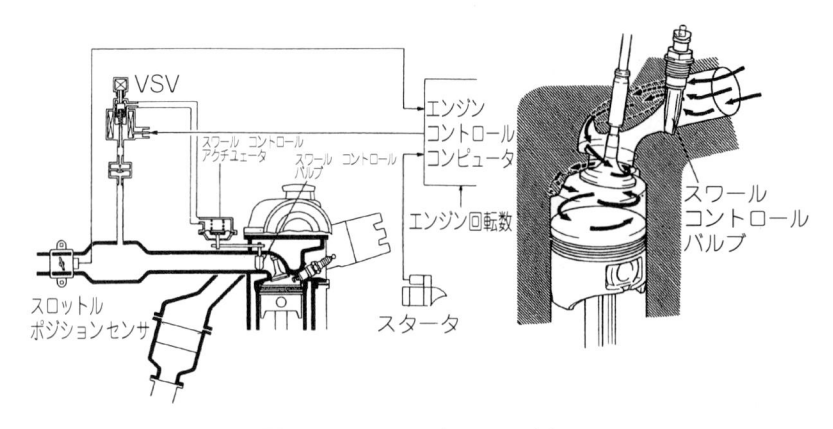

図4-3 リーンバーンエンジン

トのリーンバーンエンジンが出現してきたことからもわかります。

(3) 混合気濃淡の実現のための場

このような歴史的な流れから極めて重要な発見ができます。かつては、電子制御などできない時代でしたから、燃料は気化器によって供給するものでした。気化器を前提として考えなければなりません。そのために、わざわざ副燃焼室を設けて、濃い部分と薄い部分とをつくり出すようにしたわけです。全く機械的に達成させたわけです（図4-4）。ところが、電子制御で噴射時期をコントロールできるようになってから、簡単に濃い部分と薄い部分とが実現できるようになりました（図4-5）。これは、まさにTRIZでいうところの機械的な場から電気的あるいは電磁気的な場に変更したことによっ

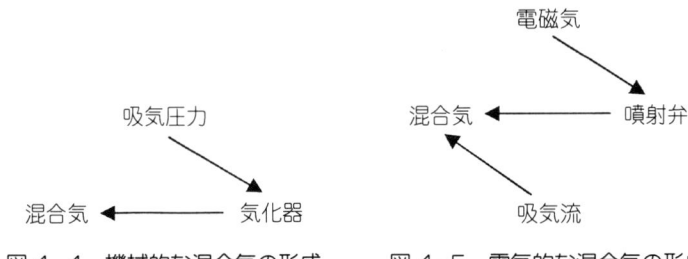

図4-4 機械的な混合気の形成　　図4-5 電気的な混合気の形成

て実現できたものだと考えられます。

　極めて乱暴ですが、混合気の形成を物質-場で表現してみます。同じ問題を解決するために、機械的な場から電気的な場を用いることで、極めてスマートに問題が解決できています。混合気は薄くなければならないが、同時に濃くなければならないという物理的矛盾に対し、機械的な場では空間で分離するしか方法がなかったものが、電気的な場によって時間で分離することが実現できたことによるものです。場を変えることによって新しい達成方法が得られることから、まさにそれまでの技術が不要になってしまうのです。

4-3　場を変えると進化する
〜進化を先取りできる場の変更〜

　物質-場分析というのは一見単純な方法ですから、それほど活用できるものであるとは考えにくいかも知れません。しかし、物質-場分析は、場や作用体を変更した場合のシステムについて考えつく方法を物質と場の三角形で表現することによって、それまで思いつかなかった方法を考え出そうというものです。単にわかり切ったことを表現するものとは考えないことです。特に場を変更すると、従来の技術が不要となるような新たな解決策が見つけ出せることから、先手を打った開発を考えるためには極めて重要な方法であるといえます。またまた極めて乱暴ですが、場が変更されて新たな進化がなされ

表4-1　場を変更して進化した事例

レコード（針）	力学の場 ⇒	CD（レーザーピックアップ）	電磁気の場
フィルムカメラ（銀塩フィルム）	化学の場 ⇒	デジタルカメラ	電磁気の場
ポインタ（指し棒）	力学の場 ⇒	レーザポインタ	電磁気の場
蚊取り線香	化学の場 ⇒	電子蚊取り器	電気の場
ガスレンジ	化学の場 ⇒	電磁誘導調理器（IH）	電磁気の場
パソコンマウス（コード付き）	電気の場 ⇒	リモコンマウス	電磁気の場
水洗トイレの水流し操作	力学の場 ⇒	赤外線センサ	電磁気の場
テレビなどの電気製品の操作	力学の場 ⇒	リモコン	電磁気の場
自動車の窓開閉操作	力学の場 ⇒	パワーウインドウ	電気の場
エンジンの燃料供給	力学の場 ⇒	電子制御燃料噴射	電磁気の場

た一例を挙げると 表 4-1 のようになります。

　こうしてみると、場を変えることの重要性が認識できます。場を進化させて考えることは、先の洗濯機の場合と同様、新たな着眼による開発に着手することを先取りして進めることができるわけです。洗濯機では汚れを落とすために場を変更していたわけですが、このように場の変更によって、それまでできなかった新たな機能が得られることが実用の場面では重要になります。例えば、自動車の電子制御サスペンションは低速では乗り心地を優先した設定にしておき、高速になると走行安定性の面からダンピング（減衰）を効かせた設定にして、条件に応じた特性を得るようになったものがあります。狙いとする車両の特性に応じてどちらかを優先するというのでなく、乗り心地と安定性という異なる要求を妥協することなく満足させることを狙ったものです。

　あるいは、アクセルペダルとスロットルとをケーブルなどで機械的につなぐのでなく、足の動きに対してアクセルの低開度では燃費を優先してスロットルを小さく開ける開度特性にしながら、高開度では踏み方に応じた出力を確保できるように大きく開ける特性にしたり、さらに発進時の駆動力確保のためのトラクションコントロールを行うなど、電子制御であることのメリットを活かした作動がされています。アクセルペダルから足を離しても一定速度を維持して走行するクルーズコントロールも電子制御によって実現できています。ドライブ・バイ・ワイヤという言葉も一般化してきましたが、それは場が機械であってはできない特性が、電子制御で得られることによって要求を高度に満たすことができるようになったということです。機械でやっていたことを単純に電子制御しただけでは意味がありません。

　さらには、キーレスエントリーというシステムがあります。キーを鍵穴に差し込んで回さなくてもドアロックの ON-OFF ができる便利なものですが、単に便利ということだけでなく盗難防止としての機能も持つようになっています。これも電子制御でないとできない機能を持つものです。従来、キーに刻まれた鍵山と、キーシリンダのロックプレートの形状が一致することで開・施錠し、イグニッションスイッチと連動してステアリングロックを

行うメカニカルな方式であったものが、電子的なセキュリティー装置を組み合わせて盗難防止を図るイモビライザが採用された方式になりました。キーに取り付けた発信装置から常時、電波を発信することで車両に備える受信部とのIDナンバーを確認し、一致したときにのみエンジン始動が可能というものです。ボタン操作で開・施錠するリモコンキーがありますが、セキュリティー機能を持たせた上でキーを持って車に近づくだけで開錠し、離れると施錠するという利便性がユーザーにも受け入れられているものです。機械ではできない機能を電子化することでそれを可能にし、わかりやすい機能として認められて実用されています。

　このような自動車の例に見られるように、場を変更することによって新しい進化が期待できます。物質-場で考えることは、次の技術方向性を発見することがしやすくなります。場を変えて考えることの重要性はTRIZで初めて知らされたもので、システムが単純に可視化されて考えることができることが重要です。これだけでもTRIZのありがたさが実感できます。

4-4　否定技術を考えるPrediction
〜次のシステム予測に必要な場の考え〜

　進化の法則が重要なのは、次世代の技術開発の方向性を示してくれていることです。場を変更することによって、従来技術が置き換えられてしまうわけです。従来のものが、その技術を必要としない別のものに取って代わられてしまうとなると、それまでのどんな優れた技術も不要になってしまいます。

　自動車にパワーステアリングがあります。高級車に限らず、今では軽自動車も含めたほとんどの車に装着されています。ハンドルを回す操作力を軽減するもので、車庫入れなどの低速時には大いに助かります。これは、ポンプを用いて油圧を発生させ、油圧によって油圧シリンダに直結したステアリングロッドを動かす力をアシストするものです。油圧ポンプは、エンジンからベルトで駆動しているものです。低速時には大きくハンドルを回す場合があ

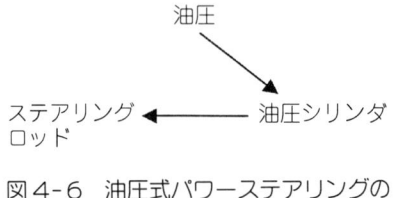

4-4 否定技術を考える Prediction

```
                  油圧
                    ↓
ステアリング ←──── 油圧シリンダ
ロッド
```

図4-6　油圧式パワーステアリングの
　　　　物質-場モデル

りポンプからの油圧を必要としますが、高速になってくると大きなハンドル操作はしないし、むしろハンドルを安定させるために重めのものが好まれることから、必要な油量は少なくてよくなります。このため、回転数に対応して油量を制御することなども行われています。油圧式パワーステアリングシステムを物質-場モデルで表すと 図4-6 のようになります。

　ところで、ハンドルの操作に備えて、いつでも油圧を発生しておく必要があります。ほとんどハンドルを動かすことがないような直進時でも、ポンプによって油圧を発生させています。しかし、必要なのはハンドルを回したときだけのはずです。そうすると、常時ポンプを回すということはエンジンにとって余分な仕事をさせられているわけですから、エンジンに負荷をかけているわけであり、排気ガス対策や燃費改善の上から見直すべきものとなってきました。

　そうして、ハンドルを切ったときだけモータによってハンドルを回す力を補助させてやろうという考えが出てきました。ハンドルを回さなければモータの作動はありませんから、電気の消費もありません。モータはバッテリからの電力ですから、エンジンにとって直接の負荷はかかりません。油圧の配管類もなくなり、システムとしてもシンプルな構成となります。最初は軽自動車に採用され、その後、次第に小型クラスやスポーツカーにも拡大してきており、いずれ多数を占めるようになると予想されます。図4-7 に一例を示します[1]。モータによって操作力を軽減する電動式パワーステアリングと呼ばれるものです。このようなアシスト性能と小型・軽量および低消費エネルギーという特性から、F-1レース車にも電動式が用いられているほどです。

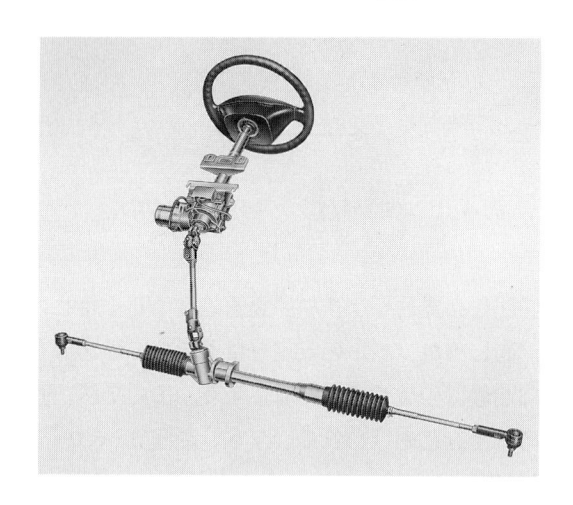

図4-7　電動式パワーステアリング
　　　（コラムタイプESP）[1]

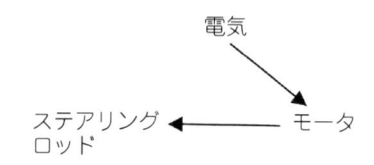

図4-8　電動式パワーステアリング
　　　の物質-場モデル

　これは、油圧による機械の場を用いたシステムが、図4-8のように電気の場を用いたシステムに代わってしまったという大変な出来事です。この変化はTRIZによる場の進化で説明できますが、ここでいいたいのは、このようにシステムが代わってしまうと、それまで持っている油圧技術がいくらすばらしい技術であるとしても、それが不要となってしまうということです。油圧で技術的優位を得ていたものが、それがなくなってしまうという極めて重大な出来事といえます。これは、一般に否定技術といわれているものです。
　実際に新しい技術で置き換えられてしまって、前の技術が要らなくなってしまうことは最も困ることです。それまでの技術資源が不要となってしまい

ます。そのためには、先を読んだ技術開発が必要で、否定技術を自らが開発していく必要があるわけです。それには、場の進化を考慮して、次のシステムはどうあるべきかを考えることが最も重要で簡単なことです。TRIZ によってそれができます。ソフトでは Prediction に示された多くの進化事例を参考にできます。

引用・参考文献

1) 光崎雄二:電動パワーステアリング(EPS), NSK TECHNICAL JOURNAL, 日本精工(株), No.667 (1999) p.14

5章
実例に見る技術システムの進化

　技術システムは、一見ランダムに進化しているようにみえますが、実は規則性を持って進化しています。そして、環境に影響されることなく導入期、成長期、成熟期、衰退期というライフサイクルカーブを描くといわれています。これを実例でみます。

5-1　進化し続けるレース技術
〜実例からTRIZの法則を検証する〜

　1960年代に世界のロードレースを席巻した2輪車には、今日までモータスポーツとして日本のメーカーが力を入れて参戦してきた長い歴史があります。速く走ること、つまりスピードを競うのがレースです。ほかより1cmでも先にゴールすれば勝ちという、誰でもわかる明快さが判定方法になっています。速く走ることが目標ですので細かな規則など本来は少ないはずですが、自動車のF-1レースなどに見られるように、条件を揃えることを目的に、2輪車のレースにも多くのレギュレーション（規則）が設けられています。その中での進化となるわけです。そこで、その2輪車を例としてどのような進化をしてきたかをみます。

(1) 2輪レース車の技術的変遷

1950年代は、浅間火山レースなど国内メーカーが競い合う国内でのレースが主体でした。その頃は、どのようにすれば馬力アップできるかなど、まだ手探りの状態でした。海外では欧州メーカーのレベルが高く、まだ日本国内メーカーの技術レベルではとても太刀打ちできる状態ではありませんでした。部品メーカーも海外メーカーと伍していけるレベルでなく、今では考えられませんが、当時は、特にタイヤ、チェーン、点火プラグなどは海外に対して遅れている部品とされていました。また、国内にも、本格的なサーキットもなく、技術的にも環境的にもその差は歴然でした。この頃いち早く海外レースへの参戦を宣言して開発された125cc車があり、そのレース結果を元にして製作された250cc車が図5-1で、1959年の国内レースに出場したモデルです。速く走るためには、エンジンの馬力が何にも増して優先されました。性能の向上を目指し、高回転化するという方針が打ち出され、そのために多気筒化を目指し4気筒となった初のモデルで、性能は38 PS/14000 rpmといわれています。

翌1960年には、当時最高峰といわれたマン島TTレースで4〜6位を得、そのほかのレースでも表彰台に立ち、250ccでの参戦1年目にして実

図5-1　ホンダRC 160（1959年）

66　5章　実例に見る技術システムの進化

図5-2　ホンダRC 161（1960年）

図5-3　ホンダRC 162（1962年）

力が認められたモデルが図5-2です。決められた排気量では、回転を上げることによって時間当たりの空気量を増やせることから、高回転化によって馬力を得る考え方を推し進め、吸気・排気の動的特性を考慮し、出力の向上が図られました。

　1961年、初めてデビューしたレースで優勝すると同時に、ホンダに初の250 cc での勝利をもたらしたモデルが図5-3です。公表された出力は45 PS/14000 rpm です。以後、チャンピオンを獲得するなど、不動の地

位を築いたモデルです。そして、高回転化のための多気筒化は一貫した考えでなっていきます。車体よりもエンジンの開発が重点となっていることがわかります。

　やがて、性能向上の難しさのため出遅れていた2サイクルエンジンが出力アップを果たし、4サイクルエンジンの優位性が脅かされるようになっていきました。図5-4は、その動きに対抗し、4サイクルエンジンでのさらな

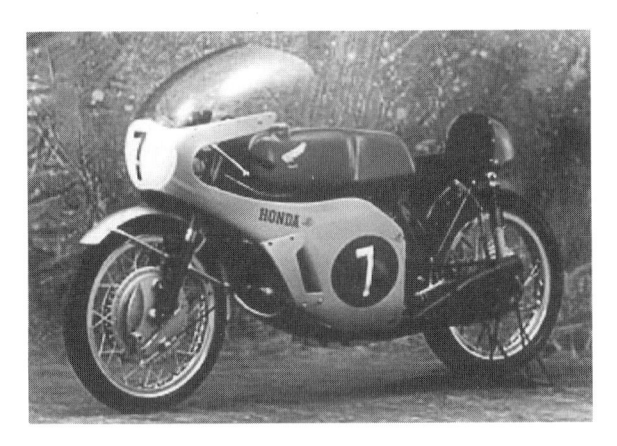

図5-4　ホンダRC 165（1964年）

図5-5　ヤマハRD 05 A（1965年）

る性能の向上を目指し、250 cc で 6 気筒とした 1964 年モデルです。ひたすら高回転化による高出力を目指し、極限ともいえる 60 PS/18000 rpm という性能を得たといわれているものです。

　高回転化によって性能向上を目指す考え方は 2 サイクルエンジンにも同様の方向を指向させました。図 5-5 は、1965 年に 250 cc で V 型 4 気筒が採用された 2 サイクルエンジンのモデルです。性能は得られるが、4 サイクルエンジン以上にパワーバンド（有効な性能が得られるエンジンの回転範囲）が狭く使いにくい 2 サイクルエンジンをミッションの多段化で補うという考え方で、水冷化によって性能を安定させて 68 PS を得、125 kg の軽量な車重によって他の追随を許さない戦闘力を持つようになっていました。この頃から 2 サイクルエンジンが優位を得るようになり、チャンピオンを獲得するようになります。

　多気筒化による高回転・高出力化は、結果的に世界中のレースを完全に日本車が席巻するようになり、世界各地のサーキットを日本車同士で戦うレースとなりました。そこで、レース発祥の地である欧州のメーカーも参加できるようにと、それまで無制限であったシリンダ数やミッション段数に対して、それらに規制がかけられることになりました。それは、技術的には回転数を上げることによって出力を得るという今までの考えから、1 回転当たりの空気量を増やすという考え方に変更するということでした。性能の向上の方向性の大きな転換となりました。そのため、レースを通じての技術的な進歩が得られないとして、一時 日本メーカーは撤退しました。

　しかし、250 cc 以下のクラスで市販レーサーなどの支援を続けた日本メーカーは、やがて 500 cc クラスを主戦場としてレースに復帰するようになります。やはり、技術開発の場としてのレースの意味はあるわけです。当時は、500 cc クラスは 4 サイクルエンジンがまだ優位を保っていた分野で、シリンダ数、ミッション段数を揃えた条件では 2 サイクルエンジンにとっては技術的に難しいところがありました。しかし、並列 2 気筒エンジンを横につなげて 4 気筒とした構造を採用することによって、ここでも次第に優位性を得ていきます。図 5-6 は、このクラスに進出した 1973 年のモ

図5-6　ヤマハYZR 500（1973年）

図5-7　ヤマハYZR 500（1975年）

デルです。そして、やがてこのクラスも2サイクルエンジンのみによるレースとなっていきます。

　それまでは、レースのほとんどがエンジンの馬力を主体とした競争となっていましたが、性能が向上するにつれて操縦性・安定性が問われるようにな

ってきます。最高速だけでなく、コーナリング速度を上げるとともに、いかに早くスロットルを開けて加速できるかが重視されるようになります。そのため、それまでの2本のリヤクッション形式を改めて、1本ショックのサスペンション形式として安定性を飛躍的に改良したモデルが登場しました。図5-7は、その1975年のモデルです。

1977年には、図5-8のモデルのように、スリックタイヤが用いられるようになりました。ホイールもスポークのものからキャストホイールになります。2輪車は、基本的にタイヤを滑らせないで乗る車です。そのため、タイヤの摩擦力が増すとカーブでのスピードが上げられます。それまでよりも圧倒的に向上したスリックタイヤのグリップ力によって、より深いバンク角を可能にさせ、コーナリングスピードが格段に速くなります。その結果、コーナリングでの安定性の向上がさらに求められ、従来と異なるレベルで車体の剛性の向上が必要とされるようになってきました。

コーナリングスピードが上がると、それに続いて加速が増し、従ってストレートでの速度も向上するため、エンジンは最高出力だけでなく途中の回転域での性能も重視されるようになっていきました。そのため、2サイクルエンジンの革新的な発明とされるYPVSと呼ばれる性能改善デバイスが採用

図5-8　ヤマハYZR500（1977年）

図 5-9　ヤマハ YZR 500（1978 年）

されるようになります。それによって、低中速から高速にかけての性能が格段に向上し、2 サイクルエンジンの弱点であったパワーバンドが格段に広がり、扱いやすい特性が得られるようになりました。これによって、さらに最高出力の向上も可能になり、競争力が一段と増すものとなります。車体は、リヤアームと呼ばれる後輪を取り付けている部材などを初め、さらに剛性の向上が図られました。図 5-9 は、その 1978 年モデルです。

　直線での速度が上がると、その次にはカーブでの切返しを素早くできるようにするためエンジンの形態についても着目されるようになってきました。それまでの並列 4 気筒はエンジン幅が広く、コーナリンブに際しての車両慣性モーメントが大きくなっていたのに対して、1982 年には、エンジン幅を狭くコンパクトさを狙った V 型 4 気筒が採用されます。これによって V の間に気化器を収めることができ、排気の取回しや重量配分が改善されるとともに、エンジンの搭載位置を下げられるようになりました。また、フレームはハンドル基部からリヤアーム取付け部までの剛性の向上を図った直線的な取回しのアルミフレームが用いられるようになりました。それまでは、フレームがエンジンを抱きかかえるタイプでしたが、メインチューブを主な強度部材としてアンダーループが退化した初めての考え方を示したモデルが図 5-10 です。

図5-10　ヤマハYZR500（1982年）

図5-11　ヤマハYZR500（1984年）

　1984年には、図5-11のモデルのように、剛性の向上と軽量化を両立させるために、フレーム、リヤアームともアルミの薄板からなるモノコック構造とされるようになります。加速をいかに早く開始するか、減速をいかに遅らせられるか、そのために前後重量配分はもちろん、エンジンの前後長を短縮してリヤアーム長さを確保することによって加減速時の姿勢変化を抑制するなど、瞬間の車両特性なども考慮されるようになります。
　エンジンはますます高出力化が進み、200PS以上ともいわれるあり余るほどの出力をライダーが制御し、タイヤの消耗を抑えて路面に有効に伝え

図 5-12　ヤマハ YZR 500（2002 年）

るために、トラクションコントロールや、あえて不等間隔点火なども行われるようになりました。カーボンなどの複合材も用いられ、かつては達成不可能であった 130 kg という制限重量に限りなく近づくまでに軽量化が進められるなど、これ以上進化の余地のない究極ともいえるほどに改良されていきました。しかし、レギュレーションの変更によって、2002 年が、図 5-12 のような 500 cc の 2 サイクルエンジンにとって事実上の最後の年となりました。

(2)　2 輪レース車の技術進化

　上記のように、2 輪のロードレーサーの歴史について振り返ってみると、進化の様子が見て取れます。目的はただ一つ速く走るためですが、初めはとにかくエンジンの馬力の向上だけが主体となっていました。その方法として、回転数を上げることによって馬力を稼ぐという考え方で、多気筒、高回転化に焦点を当てて徹底して突き詰め、各部のフリクション（摩擦）の低減はもちろん、安定した性能が得られるよう熱問題などへの対応が求められました。また、レース現場では、その日の気温などの条件に合わせて性能が得られるように合わせ込むピンポイントの仕様の決定が求められました。

やがて高回転に行きつくと、1回転ごとの効率のよい性能の向上を目指して方向が転換されました。そして、かつては主に最高出力だけを狙った性能の向上だけでしたが、コーナを脱出してからの速さを得るための広いパワーバンドを実現するため、低・中速の性能の向上が求められていきました。加速の速さが最高速度に達するまでの早さになるわけです。かつての高回転化による出力アップを目指した頃よりも高い性能を得ながら、エンジンとしては使いやすい性能特性が求められるようになっていきました。

コーナリングの脱出スピードが上がると直線でのスピードも向上します。そうなると、さらに操縦性・安定性が重視されるようになり、次第に車体やサスペンションでの改善が重点となっていきました。そのため、エンジンの形態も車体の要求に沿うものとなっていきます。単に、出力や重量だけでなく、車体搭載時の重心の位置や高さはもちろん、旋回時の慣性までも問題となってきたのです。

操縦するライダーにとって、性能を使い切るためにはマシンの限界が把みやすいことが求められます。そのため、ライダーからは微妙なコントロールが要求されるようになり、それには車体だけでなくエンジンはスロットルを開けただけ性能が得られるリニアな特性（スロットル開度に比例し、途中に凸凹のない性能特性）が要求されるようになります。そして、より早く加速を開始し、より減速を遅らせるために、過渡特性が重要となります。単によく効くブレーキがあればよいというのでなく、フルブレーキングでも姿勢が乱れない車体の剛性と、コーナリングでスロットルを開ければ旋回力が増す、そしてフルバンク時のマシンの安定性、挙動の乱れを最小限に抑えるしなやかな車体といった総合での特性が求められます。

それとともに、限界付近でのマシン挙動の情報が的確に、しかも多く伝えられることも、マシンを不安なく意のままに動かせるために重要なことになります。そして、馬力アップによって過酷となったタイヤをレースの終わりまで持たせるため、摩耗を抑えることがエンジン特性からも必要となってくるなど、マシントータルとしてのバランスが求められ、パワーを含めての制御が重要となります。このように総合性能での争いとなっており、単にエン

ジンの馬力だけが突出してもとても勝てるレベルには至らない状況です。

（3） レース車にも当てはまる技術進化の法則

　これまでの変遷を単に時系列で見るだけでなく、図5-13のように、縦軸を技術の進化と考えてみると、気筒数の制限、騒音の規制、燃料性状の規格など、途中で人為的に大きな制約が加えられているにもかかわらず、それによって大きく後退してしまうことなく進化していることがわかります。

　図5-13の縦軸は、最終レベルに対して途中での進化を概念的に表したもので、開発された技術による影響の度合を感覚的に示しています。大雑把には、エンジンの馬力の変化と考えてもよいと思います。最初は緩やかだった馬力の向上も、やがて急激な向上がなされるようになり、それが次第に緩やかな向上となっていったのは、技術的な追求が限界に近づき、大きな進化が得られなくなったことを示しています。そのことは、どんな技術の進化の傾向でも同じです。重点が、最初はエンジンからやがてエンジン＋車体となり、そして総合的な制御と変化していった様子は、およそこのように表されると考えます。横軸の年代に対する矢印の位置は感覚的に大体の位置を示します。

　上記の進化に対して、TRIZでいうところの進化の法則が当てはまるかを

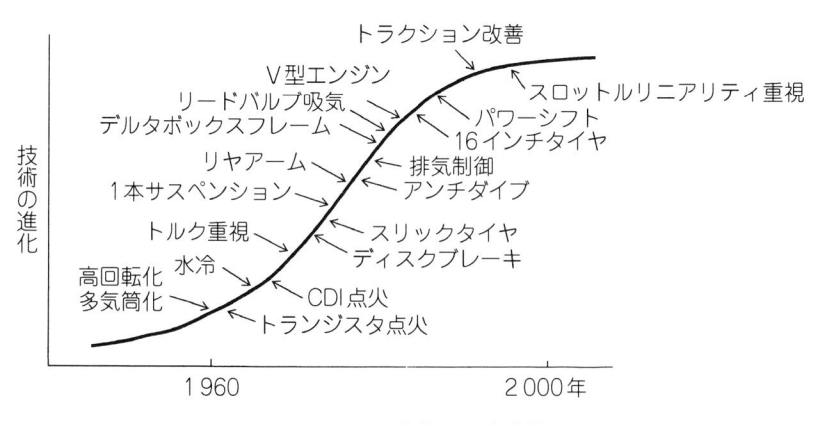

図5-13　進化のS字曲線

考えます。まず、高回転化による高出力は多気筒化によって実現しました。進化の法則でいえば、機能を高めるために行われたマクロからミクロへの移行です。そして、高回転化を可能にするにはシステム諸部のリズム調和が必要です。

性能で先行した4サイクルが、やがて同じ方向を指向した2サイクルに性能で勝てなくなりました。多気筒化の限界が性能の向上の限界となったわけです。性能の向上を多気筒化以外にも求めることで、上位システム移行や、物質-場の完成度増加が必要であったということになります。

規制によって気筒数やミッション段数が制限された中での技術の進化は、やがてそれまで回転を上げることによって得ていた性能を越えるようになりました。人為的な規制などを超えて技術が進化していったことが理解できます。物質-場の完成度増加の法則といえるでしょうか。

そして、コーナリングスピードを向上するために新規なサスペンションシステムやフレーム構成などの車体の改善が進みました。目的に対してまとまった技術システムへの進化は、システムの完全性の法則と考えられます。タイヤなど、車両を構成するそれぞれの部品は、不規則に発展するパーツの法則によって進化しています。

また、加減速などの過渡特性をいかにスムーズにするかで、搭載するエンジンの形態や長さなども考慮されるべき要素になりました。求められるのは、有用作用としての馬力だけではなく、有害作用の減少であると考えれば理想性増加の法則です。

さらに、強大な出力をタイヤから地面にスリップさせないでうまく伝えるために採られた方法は、エネルギー伝導の法則やシステムの完全性の法則を考慮したものであると考えられます。また、連綿と続けられてきた軽量化の努力は理想性の増加です。

毎年の改良によって、前年のモデルではとても勝負にならないといわれるほどの進化を続けてきたレーサーを大きく捉えて見たことは、あるいは適当でなかったかも知れませんが、ここでいいたかったのは、レースは規制によってかなり人為的に制約が設けられている中での進化と考えることができ

る、つまり TRIZ でいうように、技術システムの発展は人間の意志とは独立した固有のルールに従っているということが理解できるということです。単純にいえば、技術システムの発展はＳカーブの成熟期あるいは衰退期の飽和に近くなったところで新しい技術にとって代わるということの繰返しなのです。それが実によく理解できます。目的は速く走らせるためですが、そのために重点とするところが次第に変化していきます。発展の仕方を進化の法則でみると、次の予測もできやすいと考えられる事例です。

５-２　矛盾を克服する４WDシステムの進化
〜矛盾解決実例からの場の検証〜

　一般に４WDと呼ばれる４輪駆動自動車を取り上げてみます。４WDといえば、ジープに代表されるように悪路での踏破性向上を目的として採用されていたものでした。前後の４本のタイヤで駆動することによって、滑りやすい路面での自動車のトラクション性能が向上します。４輪で駆動することは、エンジン出力が４本のタイヤに分散されるため、１輪当たりの駆動力が小さくなり、また４本の全輪で駆動するため絶対的な駆動力が増大するので、悪路での踏破性が向上するメリットが生まれます。歴史的には、明治

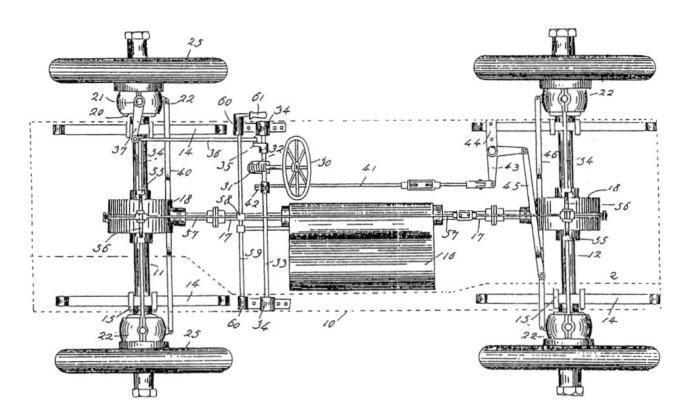

図5-14　日本の特許に残る４WD[1]

40年に日本でも4WDの特許が出願されたといわれています（図5-14）[1]。

4WDが広く使われるようになってきたのは、生活に自動車が不可欠となり、雪の多い地方での凍結した路面などの安定した走行のためでした。最近は、それだけでなく車両の運動性能を向上する目的でも普及してきています。単に4WDといっても、このように目的によって様々な形式のものがあります。しかし、4WDシステムの進化は矛盾克服の過程といってもよいと思います。

(1) 4WDの技術的矛盾

図5-15に示すように、自動車はカーブを曲がる際には前輪と後輪との間で回転半径差により動く距離が違ってくることから、前・後輪の回転数が異なることが必要です。通常の2輪駆動では駆動していない側はフリーですから、全く問題なくカーブを曲がることができます。しかし、全輪を駆動している状態では、エンジンから同じ回転数で前・後輪が駆動されているわけですから回転数差をどう吸収するかが問題となります。カーブだけでなく、直線を走行している状態であってもタイヤの分担荷重は異なりますから、厳密にはタイヤの回転半径は異なっているといえます。ですから、まっすぐ走る状態であってもタイヤには回転数差が発生しているわけです。すなわち、回転数差の分だけタイヤがスリップして、その差を吸収しないと走れ

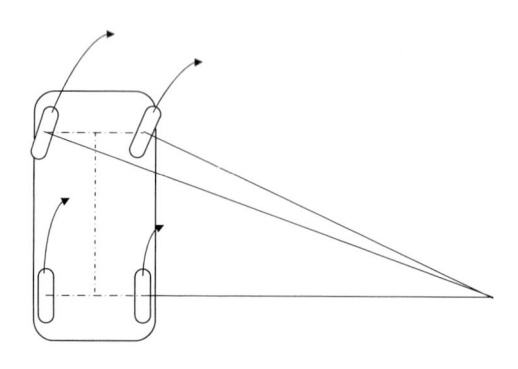

図5-15　旋回時のタイヤ回転半径

ないということになります。

　4WDは、全輪で駆動してスリップしにくくするためのものですが、逆にスリップさせないと走れないということです。それがカーブでは差が大きくなるので影響が大きく現れてくるわけです。特に、舗装路ではタイヤと路面との摩擦が大きいのでスリップしにくく、低速で急カーブを曲がる際にエンジンの回転が低下したり、音が発生したりするタイトターンブレーキング現象と呼ばれる状況が発生します。

　4輪駆動でタイヤの駆動力を上げてスリップしにくくしたいが、スリップを発生しないと走れない、特に曲がることができない。すなわち、スリップはなくしたいが、スリップはなければならないという物理的矛盾が発生しています。

（2）　4WDの技術進化

　そのためには、2輪駆動と4輪駆動とを時間で分離するというのが最も簡単な方法となります。駆動系の途中で駆動力を分配しているトランスファに2輪駆動と4輪駆動との切換え装置を設けて選択的に使用するようにするものです。通常の走行は2輪で行いますが、オフロードなど4輪駆動の必要なときだけ前後直結して4WDとして使用します。この場合、機械的に直結されたリジッド4WDとなるため、高い踏破性が得られ、ジープタイプの

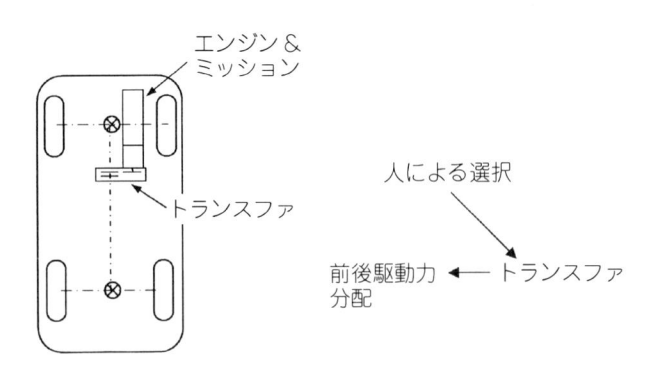

図5-16　パートタイム式4WD

ような車両に適用されます。パートタイム4WDとかセレクティブ4WDと呼ばれるもので、サブのシフトレバーを設けて2WDと4WDを選択使用します。図5-16に模式図で示しますが、4WD時には機械的に連結しているので、絶対的な踏破能力が高められる利点があります。

　しかし、通常の走行時においても4輪が同じ状態であるとは限らず、4輪で摩擦係数が異なる場合もあります。片側だけ凍っている場合とか、1輪だけ空転している場合などが想定できます。また、様々な路面状況をカバーして普通に走れる領域を拡大したい、天候や路面状況を幅広くカバーできる能力を得たい、4WDを特別な場合だけ使用するというのでなくもっと広く使ってメリットを得たいという要求が生じてきます。

　それには、路面の様子を判断して2WDと4WDを切り換えるという特別な操作技能がなくても性能が発揮できるようにする必要があります。そのため、前・後輪のどちらかに回転を吸収する装置を取り付け、片側に滑りが生じて回転数差が生じたときにその差に応じて伝達トルクを増すことが一つの方法となります。舗装路の直進などの場合には滑りが少ないので、わずかなトルクしか伝達していなくても必要な駆動力が小さいため、前後の駆動力は近づき2WDよりも全輪駆動の状態になります。前・後輪の回転差の大きい急カーブでは、車両スピードも遅くなるので回転差によるトルクは小さくなり、従って抵抗が少なくて、スムーズに曲がることができます。

　そこで用いられるのがビスカスカップリングです。これは、同軸上のハウジンクとハブとの間に複数のプレートを交互に並べて、そこに粘性流体であるシリコンオイルを満たした簡単な構造のものです。入力と出力との間に回転差が生じると、プレート間のシリコンオイルのせん断力によってトルクが発生するという原理です。水飴に箸を入れてかき回すとき、ゆっくり回すときは楽に箸を回せるのに、速く回そうとすると大きな力が必要になるのと同じです。引きずりによってトルクを伝えるもので、回転差が大きくなるとトルクも大きくなります。従って、スリップしたときなどでは、せん断抵抗で大きなトルクを伝えることができるわけです。図5-17のように、駆動系の途中にこのカップリングを備えるだけで達成できるものです。

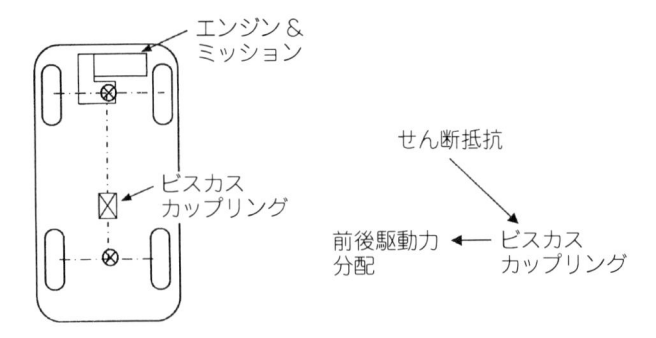

5-2 矛盾を克服する4WDシステムの進化

図5-17 ビスカスカップリング式4WD

既に述べましたが、機械的に直結した4WDは、前・後輪が半径の異なる円を描くことによって動く距離が異なるため、それによる回転差を許容できないとタイトターンブレーキング現象が発生します。それなら、前・後輪の間にも左・右輪と同じ差動メカニズム、すなわちデフを備えさせればよいわけです。回転差による問題は、これによって解決され、2WDと4WDとの切換えは不要になります。これが、図5-18に示すセンタデフと呼ばれる形式のものです。歴史的には4WDが考え出された当初から使われていたといわれており、パートタイム式やビスカスカップリング式よりも先にあったものです。

センタデフとビスカスカップリングとの違いは、ビスカスカップリングが基本的に滑りを生じたときに駆動力を伝えるのに対し、センタデフは回転差

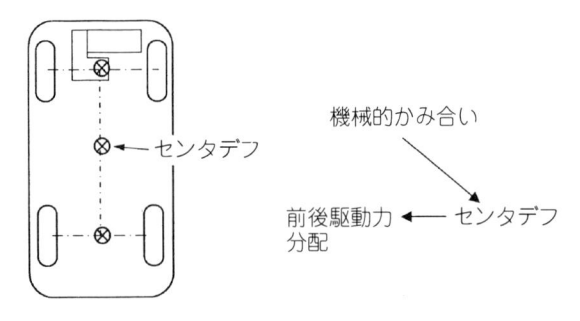

図5-18 センタデフ式4WD

がない場合、入力/出力のギヤがかみ合う点でトルクが伝えられるということです。すなわち、前・後輪へのトルク配分が存在するということです。ビスカスカップリングは、滑りがない状態では 2WD で、滑りが生じたときだけ 4WD になるものですが、センタデフ式では常にエンジンのトルクを 4 輪に伝えて走ることが可能となります。ここに大きな違いがあります。2WD では、片側 1 輪の接地状態が変化したときの影響が車両の姿勢変化として大きく現れるのに対し、4 輪すべてで駆動していれば、駆動方向の力が維持されて進路が乱されにくいという運転感覚がこの方法では得られます。また前・後輪のトルク配分の与え方によって旋回特性が違ってくることから、車両の性格づけも変えることができます。

　このように、路面状況を幅広くカバーできるのはもちろん、車両の運動性能を向上させることが可能となります。しかし、よく知られているように、通常のデフではタイヤの空転が生じた場合、そちらに駆動力が流れてしまって駆動できなくなります。4WD が踏破性向上のためを目的として採用されるためには、この方式は 4WD としての意味が薄くなることから使われませんでした。そのため、差動を止めて直結するデフロックまたは差動制限（リミテッドスリップ）が必要となります。

　やがて、上記のセンタデフ式 4WD の特性をさらに発展させて、前後の駆動力配分を変化させることによって、もっと積極的に車両の運動能力を拡大しようという考えが出てきます。センタデフ式の場合は、前後のトルク配分が 50：50 近傍であるのに対し、状況に応じて 0 から 100 までの変化を与えることによって過渡時の特性も制御しようというものです。駆動力を走行状況に応じて積極的に前後輪に配分するという考えです。例えば、発進加速時には後輪の駆動力配分を増し、定常走行時には 50：50 とし、減速時には前輪への配分を増やす、そして滑りやすい路面や不整地ではリジッド 4WD にするというような考え方です。4WD の長所を活かすために能動的にトルクを配分するということから、アクティブトルクスプリット型とも呼ばれますが、機構的には湿式多板クラッチによってトルク伝達し、クラッチの加圧力を変化させることによってトルク配分を変化させるものです。

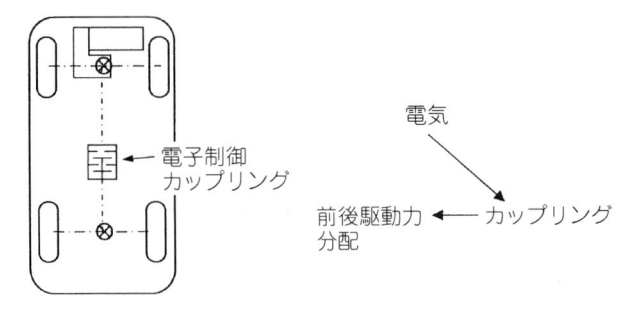

図5-19　電子制御カップリング式4WD

　カップリング式と呼ばれてセンタデフ式と区別する見方もあります。図5-19は、電子制御機能を追加し、運動性能を向上する目的で導入された4WDです。クラッチの押付け力に油圧を用いて油圧を電子制御するものと、油圧を用いないで電磁力を機械的に増幅することで直接制御するものとがあります。スロットル開度、エンジン回転数、車速などを検出して結合力を制御し、空転を抑制し走行性能を向上し、走破性と燃費を両立させる目的のものです。制御の自由度が格段に大きくなることから、オンザレール感覚といわれるより高い操縦性を重視する方向とか、ターボなどの高出力モデルの高運動性能確保のための高次元な方向となっています。

　これまでの4WDのメリットを活かした高走行性能化の進化は、当然とはいえコストと燃費の面からは不利を伴っています。そもそも4WDシステムが前輪駆動がベースのものでは、エンジン駆動力を後輪に配分するためのプロペラシャフトや後輪のデフの追加が必要になるため、重量が増加することはもちろん、前後の回転数差を吸収するための引きずりによって燃費も低下します。機械的に動力を伝達するためには避けられない欠点です。

　そこで、一般的な通常の走行性能については2WDでよしとして、4WDのメリットが最も大きく得られる運転状態に限って4WDとするように状況に応じて分離するという考えが生じます。そうすると、通常の走行は前輪を従来のままエンジンで駆動して2WDとし、発進など4WDとしての効果が必要な際に、後輪をモータで駆動するという考えが出てきます。ハイブ

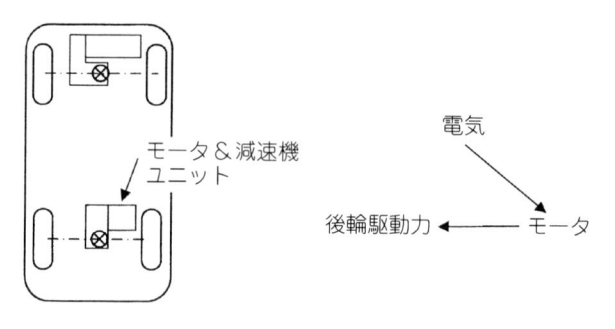

図5-20　後輪モータ駆動式4WD

リッド式の4WDとも呼べます。こうすると、後輪駆動のための伝達系が不要となるため変更が少なくてすみ、何よりも引きずりによる燃費低下が抑えられるというメリットが生まれます。パートタイム式で必要としていた切換えの操作が不要となり、新たなメリットが得られます。実際には、違和感のない運転を実現するためにエンジン出力とモータ出力との制御など新たな技術的なつくり込みは必要ですが、利便性と構造変更のためのコスト、燃費への効果について考えると面白い方法です。モータによる分担を増した本格的な後輪駆動とするには、モータの大きさや電源など、元の設計からどれだけ変更するかというコスト面から制約されることはありますが、機械式に比べて矛盾解決についての設計的な制約は少なくなります。このように、モータによってアシストするというものが図5-20です。

　このことを発展させると、4輪それぞれをモータで駆動するというシステムも考えられます。4輪それぞれに対してのトルク制御が容易にできるというメリットが考えられます。エンジンという機械的な駆動からモータという電気エネルギーを用いるものへと進化したということです。機械的な場から電気の場への変更で、これもTRIZでいう場の進化とみてとれます。

（3）技術進化と場の変化

　極めて大雑把に4WDを分類し変遷をみてきました。同じ方式でも多くの機構があり、またそれぞれ得失があり、単純にはいいにくいものですが、

大きくは以上のような方向で捉えられるものと考えています。スリップは少なくしたいが、スリップはなくてはならないという4WDの物理的矛盾に対して、当初は2輪駆動と4輪駆動とを選択的に切り換えて使用する方式であったものが、優れた特性を通常の走行時にも活用したいという要求からビスカスカップリングを用いるパッシブトルクスプリットやセンタデフを用いたトルク配分を行う方式となり、そして不等トルク配分によって運動能力を拡大するため状況に応じてトルク配分を変化させるアクティブトルクスプリット方式となってきています。それには、電子制御が用いられています。4WDの特質を活かして、あらゆる状況に対応するには、単なる機械的な方式では困難となっているからです。

　TRIZ的にみれば、単に反対の特性を時間で分離するものから粘性のせん断によるカップリングやセンタデフという機械的な場を用いてトルク伝達を行うことで不十分な作用を十分な作用にするものとなり、やがて電気の場、電磁気の場を用いて範囲とレベルを高めるようになったことがわかります。そして、モータによる駆動という新しい考えによる駆動方式も出てきています。進化の過程に応じて用いる場が変化しているわけです。単に場を変更するのでなく、機能を向上するために用いる場を変更しているということがわかります。本来の優れた特性を活かすために、適用する場を変化させて進化してきたとも思われます。

　実際の商品に採用されている方式がすべて電子制御になっているわけでなく、要求される機能とコストなどを比較して、その方式でないと得られないという、それぞれの方式が持つ特長を活かして車両に求められる特性を引き出すようにしているわけですが、このような技術的な変遷をみるとTRIZでいう進化の過程が理解できます。

5-3 自動車の車両コンセプトの進化
〜進化を考えれば先が見える〜

　少し前の昭和56年の話ですが、ホンダから発売になりヒットした「シティ」という乗用車があります（図5-21）。それまでの乗用車と異なる最大の特徴は、トールボーイデザインと呼ばれるスタイルにありました。「シビック」の下位車種としての位置づけでありながら、1980年代の省資源車の決定版をつくれという要請に対し、「小さくて安いが、安モノではない車」を目標として、それまでは小さい車は所得の低い人が乗る車という概念であったのを、小さくても誇りを持って乗れる車、金持ちにも選んでもらえる車を目指したものだといわれています。そこから、「小さい車だからといって狭いところで我慢するということはしないようにしよう。空間においても、走りにおいても、我慢したら駄目だ」という考えが出てきました。

　そうすると、「高さを高くするしかない。高さを高くすれば、形が球形に近くなってくるからシェル（外殻）としての剛性も上がるし、軽くもなる。しかし、問題は高さが高くなるとカッコ悪くなるのではないか」ということになります。車は低くて長いのがよいというそれまでのデザインの概念と全く異なる方向です。「背を高くするというのは決して単なる思いつきではなかったし、意表を突こうとか、奇をてらうという意図から出たものでもない。

図5-21　ホンダ「シティ」

既成概念に捉われないで、エンジニアが徹底して合理性を突き詰めていくと、ある程度必然的にそういうものが出てくる」と、当時の開発リーダーだった方が述べられています。

　高さを高くすることでシート位置を高くセットでき、前後方向の実質寸法を稼ぐことができるわけです。背が低いデザインのために足を投げ出して座ることになり、必要な前後長が伸びるが、デザイン上から車室は短くされ、窮屈を強いられていたそれまでのタイプとは異なり、シート位置を上げて立てて座ることで、短い前後長でも実質のスペースが確保できることになります。採用された高さは、当時の乗用車の中で最高でした。外形の車両寸法は、軽自動車に毛の生えた程度でありながら、車幅と室内の居住スペースは実質的には上級の「シビック」を上回っています。ミニマムサイズで最大のスペースユーティリティーを確保したわけです。ボンネットを短くし、トランクを廃止した 1.5 Box と呼ばれたスタイルは、その合理的な思想が受け入れられ、支持されてヒットしました。「常識破り」と専門家たちにも絶賛されたものです。

　今でこそ、軽自動車からミニバンまで、背の高い車は、乗り降りの際の腰の高さの移動が少ないため乗降しやすく、また着座位置の高さはアイポイントが高くなるため、視界が広くて運転しやすいと評価されていますが、当時はそれこそ大冒険だったことでしょう。車の評価として、高さを高くすることのメリット云々よりも、デザインから受ける感覚が重視されます。デザイン的にも違和感を抱かせることなく、それでいて、従来よりは明らかに違うということを主張したデザインを成立させた努力は認められます。それまでとは180°異なる方向の車ですから、ゴーサインを出したことはトップの英断だったと思います。しかし、ユーザーの誰もがその思想を理解できました。単に高さが高いだけでなく、4隅に配したタイヤと台形を感じさせるデザインは、安定感と多用途車としてのイメージを抱かせるものでした。また、今までの乗用車とは違ったデザインは、それまで考えていなかったような新しい人間の行動や暮らしをつくり出し、単に移動の道具でない自由な提案を感じ取れるものでした。背が高いことによって感じられる不安定感は解

消され、単なる乗用車にととどまらないメリットがその形から理解できました。

　サイズは小さくても内部の空間は広くというのは、TRIZ の進化の法則でいえば、まさに理想性の増加の法則です。限られた長さの中でできるだけ多くの人や荷物を載せるためにバスやトラックがボンネットを廃止したキャブオーバータイプになったのは理想性の増加です。しかし、乗用車は個人の好みが反映されるから、走りをイメージした低くて長いデザインが好まれるという既成概念があります。そのため、その既成概念に打ち勝つ合理性が理解される必要があります。

　将来の進化の方向は本来の有用機能の向上です。「シティ」のような小さな安い車は、室内が狭く、走りも遅いというそれまでの常識を破って、小さくても広い、走りもよいという本来の機能を確認させてくれ、未来の方向を示しているように思えました。だからこそヒットしたものと考えられます。

　しかし、その後に続く昭和 61 年の 2 代目モデルは高さが低いものに戻ってしまいました。トールボーイから一変したロー＆ワイドなプロポーションで、全高は初代よりも 130 mm も低くなっていました。位置づけがスタイルからも明確になって「シビック」よりも全体に小さい、というよりも軽を全体に大きくした印象で、コンセプトは軽である「トゥデイ」のワイド版という印象でした。目指した方向が初代とは 180°の方向転換のように思えます。

　着座位置が高くなると、ピッチングやローリングが大きくなり、乗り心地は悪くなるというデメリットがあり、また、より高い走行性能のために着座位置を低くしたと思われます。しかし、結果として商業的に最初の「シティ」を越えるものとならなかったようです。2 代目は相次いで限定車が出ましたが、それほどヒットしなかったと聞いています。高さを低くしたことだけが要因ではないでしょうが、初代では高さを売り物にしてきたはずです。初代ほどヒットすることができなかったのは、コンセプトの方向の変更によって小さな車であることの自由さの提案などが感じられなかった結果ではないかと想像されます。そして、やがて「シティ」というモデルは消滅してしまい

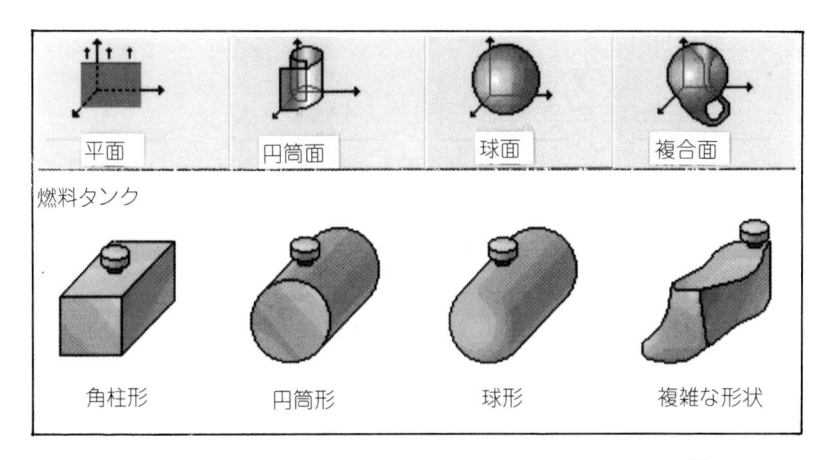

5-3 自動車の車両コンセプトの進化   89

図5-22 Prediction進化の方向（立体構造の幾何学）[2]

ます。しかしその後、市場で着座位置を高くすることによる運転しやすさといった実用性は認識された結果、背の高い車は、その後のワゴンRなどで再びブレークすることになり、現在は一つのジャンルを形成してマイノリティーではなくなっています。

　理想性の増加の法則に限らず、進化の法則を適用することで技術的に目指すべき方向はおのずとわかってきます。図5-22は、立体構造の進化事例です[2]。車は、デザインなど趣味性が高いものですから、単純に背の高さだけで車両の評価ができるわけではないですが、技術的に目指すべき方向は時々のブームや趣味などによって変わるものではないことが理解できます。技術者はわかっていても、実際にはデザインのよさで背の低い車が売ればその方向を採ることが求められるのは仕方ないことです。しかし、ドイツ車がブランド価値を高めているのは、一貫して理想性を増加させているように思えることがアイデンティティーとして信頼感と受け取られているという見方もあります。進化の方向がわかれば、そのための技術開発のポイントが見えてきます。これまでも、市場に迎合し機能を軽視したデザインは長続きしたためしがないことから、将来的な技術的方向性を見定めることの重要性が理解できます。

5-4 ソフトウェア特許に見る技術進化
～特許の流れはTRIZの進化～

TRIZソフトに示されている技術進化を示している事例として、表5-1のようなソフトウェア特許についての流れがあります[3]。もともと、特許はハードに関して与えられるものでした。最初は主体はハードで、ソフトは

表5-1 ソフトウェア特許の流れ[3]

年代	特許取得パターン	典型的特許	
70年代半ば頃	電卓型特許 ・装置(ハード)の特許	電卓、キーボード、論理回路等 ハード	
80年代始め頃	マイコン型特許 ・装置、機器の特許(マイコン制御) ・プログラムはハード制御用	マイコン制御の電気釜 ハード / ソフト 制御用マイコン	(マイコン回路が釜の温度制御を実現)
80年代半ば頃	ワープロ型特許 ・装置の特許 （プログラムの持つ機能に特徴） ・プログラムはハード制御用に限らない	ワープロ ハード / ソフト かな漢字変換プログラム	(ワープロのROMに格納されたプログラムがかな漢字変換を実現)
96年～97年	ソフトウェア媒体型特許 ・媒体(CD-ROM等)の特許 （プログラムの持つ機能に特徴） ・プログラムはハード制御用に限らない	かな漢字変換プログラム(CD-ROM) ハード / ソフト 媒体 媒体に記憶されたプログラム	(FDに記録されたプログラムがパソコンでかな漢字変換を実現)
今般	ネットワーク型特許 ・ネットワーク上で流通するプログラムの特許	ソフト サーバ／ネットワーク／ソフト	(サーバからネットワークを介してダウンロードされたプログラムがパソコン上で動作)

5-4 ソフトウェア特許に見る技術進化

ハードをうまく働かせるための制御のためのものでした。時間がくれば自動でスイッチを入れるタイマなどはその事例です。そのうち、条件によって制御方法を変えて、最もよい状態でハードを運転するようになりました。簡単な例では、洗濯機のすすぎセンサだとか、炊飯器の炊き方の制御などが挙げられます。もう少し進むと、エアコンの制御のようにON-OFFだけでなく自動制御されるようになりました。制御の考え方自体が、学習制御などの新しい考えで組み立てられるようになります。しかし、まだハードが主でした。

ソフトは、ハードを制御するためのものです。しかし、やがて次第にソフトの重要性が高まってきて、パソコンのようにソフトの評価とハードの評価とが同じ程度に評価されるようになってきました。ソフトの重要性が高まるとともに、ハードでの差が少なくなってきたということです。一定のレベルにあれば、ハードの機能は問われなくなったということができます。やがて、ソフトのプログラム機能自体の重要性が認められるようになり、ハードの役割はシステムの一部となって、ソフトはそのハードだけに限らずに適用されるようになってきました。そして、ネットワーク化されてプログラム自体がダウンロードされて作動するようになってくると、そこにはハードの役割はほとんど存在しなくなります。

このことは、TRIZの技術進化の方向を示しているものと全く同じです。TRIZが情報を特許から得ており、このような技術進化に伴って特許自体が考え方を変更して対応しているわけですから、当然のことです。そこで、技術進化がよくわかる好例としてパソコンの事例を掲げました。パソコンではそうだが、それ以外の例は少ないと感じるかも知れませんが、後の9.2節でF1レースでの例を挙げるように、割と身近に考えられるものです。ハードを対象としないビジネスモデル特許が特許として認められるようになってきたのは、特許が考え方を変えて世の中の技術進化の流れに対応しているということだと認識しておくべきです。技術は、ハードだけを対象として考えるのでなく、制御などのソフトの進化を踏まえて大きく見ると、上記の流れになっています。そのことを考慮すると、進化についての様子が考えやすくな

ります。

　TRIZソフトには、このような進化事例が多く載っています（ビジネスモデルは対象でないが）から、これを用いることで次代の開発について考えられるようになります。近視眼的な周りの状況に惑わされることなく、将来の技術開発の方向が見つけられるということです。

引用・参考文献

1) 影山 夙：自動車「進化」の軌跡，山海堂（1999）p.220
2) Tech Optimizer™ Professional Edition J
3) 特許庁ホームページ：出願から審査，審判，登録まで「ビジネス方法の特許について」

6章
TRIZを用いた問題解決事例

　TRIZをうまく使うためには問題を整理しておくことも一つの方法です。問題が絡み合っていると、何が問題かが捉えにくく、焦点が当てにくくなるので、TRIZでは一歩ずつ進めることが求められます。

6-1 トランスミッションのドック
～要求品質から矛盾が出せる～

（1）　問題の概要

　エンジンからの動力を変速する装置がトランスミッションです。2輪車のトランスミッションは、ギヤの端面に設けた凸を他の凹に突入させてかみ合わせることによってトルクを伝達し、凸と凹のかみ合わせを変えることによって変速ギヤの伝達を選択するようになっています。これは、2輪車が変速装置を持つようになってから採られている方式で、歴史的にも大きな変化はありません。自動車がシンクロメッシュという変速時に摩擦力でギヤの回転を同期させてかみ合いを滑らかに行えるようにしている構造を採っているのに対して、2輪車の変速装置は、図6-1のように簡単な構造となっています。このことは2輪車が足の操作によってシフトする方式を採っていることに起因しています。自動車のように完全にクラッチを切ってからシフト操

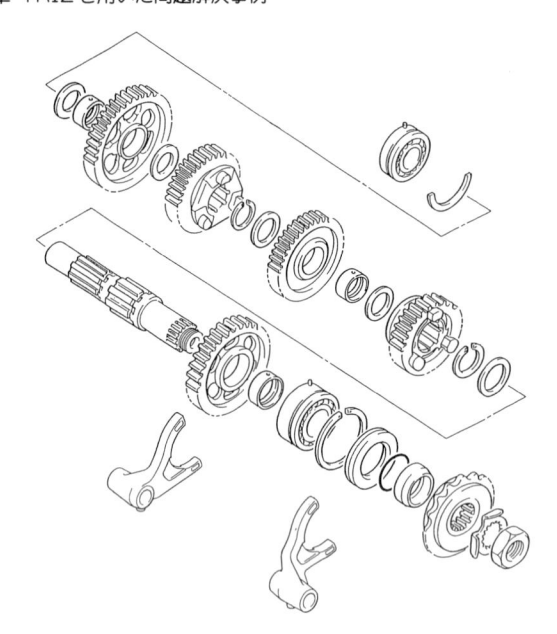

図6-1　2輪車のトランスミッション

作するわけでなく、2輪車のシフトは半クラッチ状態で素早く行うため、同期させる時間がないということにもよります。手と足の役目が4輪と逆なのは、シフト時にハンドルから手を放さずにすむことと変速時間が短くできるためです。また、停車時に足をついて止まるため、足でクラッチ操作しながらのスタートは難しいためです。従って、この方式を採る必然性があります。そのため、瞬間的にギヤの入換えを可能とするために凸と凹との間に遊び（ラッシュ）を設けておいて突入を可能にしているわけです。

　凸と凹とをドッククラッチと呼んでいます（ドグやドッグ、あるいはダボという呼び方もありますが、ここではドックとします）。凸と凹とのドックが円滑にかみ合うためには、この間の遊びが大きい方が有利です。凸ドックが突き当たっている時間を短くして、遊びを大きくすることでかみ合うチャンスが増えます。足の感覚というのは思っているよりもはるかに敏感で、ベテランになると操作するペダルからの感触でドックが突き当たってから入る動作状況を感じることができます。

足首を動かしているごく短時間のことですが、足による荷重の変化を感じるわけです。瞬間的にスパッと入ってくるのが望ましいので、突き当たるのは操作感がよくないという評価になります。そのため、凸と凹との間の遊びを大きくすることが有効です。しかし、これによってエンジンからタイヤまでの駆動系に遊びのガタを持つことになります。

　ガタは、その分だけスロットルの操作に遅れて駆動力が伝わることになります。走行中にスロットルを閉じると、ガタの分だけエンジンブレーキがかかるのが遅れます。続いてスロットルを開けると、駆動力がかかるまでガタの分だけ遅れます。それが加速・減速に伴うショックとなって伝わり、乗車感を損ないます。減速比の関係から、高いギヤでは感じることはありませんが、ロー（1速）などの低いギヤ比で渋滞の横をすり抜けていくときなどのようなゆっくりした走行の際、わずかにスロットルを開閉するだけで短時間の遅れによるショックを感じることがあります。スロットルとの連動感がなくなり、ギクシャクした感じの走りになります。これをなくすためには、凸と凹とのドックの遊びを小さくすることが必要です。

　しかし、ローギヤでは停止時の状態ではシフトしてスムーズにドックが入ることが必要なことから、一般的に遊びを大きく採る必要があります。これは、片側のギヤが停止している状態でかみ合わせるために、ドック間の相対回転数が高くなってかみ合いにくくなるためです。一方、ローギヤは減速比が大きいので、伝えるエンジントルクが大きくなります。そのため、ドックを大きくして伝達能力を上げる必要がありますが、それにはドックの径だけでなく角度も大きく取る必要があります。

　凸ドックだけでなく、凹ドック間もトルクに見合った幅を必要とします。そのため、突き当たる角度がどうしても大きくなってしまうことになります。このように、ローギヤではドックが入るチャンスを増やすためにドックの遊びを大きくしたいが、ドック強度からドック同士が突き当たる角度も大きくなるため、突き当たるチャンスも大きくなることになります。図6-2のように、ドックの突き当たる角度を接触角、凸と凹との遊びを遊び角と呼びます。

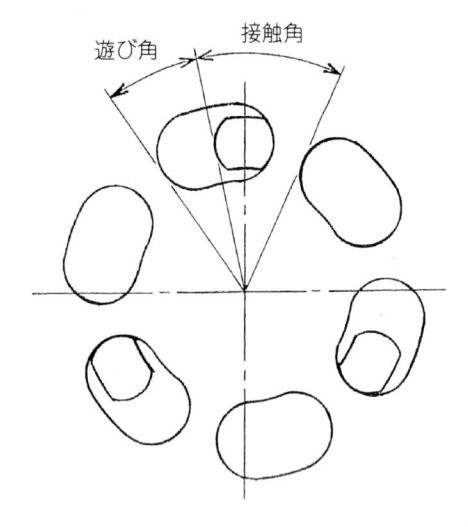

図6-2 ドックの形状

(2) ドックの工学的矛盾

　ドックの構成は、一般的に製造上から凸が3本、凹が6個程度に採られます。3本なら、自動調心してどれもがかむだろうという期待もありますが、遊び角、接触角との関係から凸、凹とも4本というようなタイプもあります。接触角と遊び角との取合いで、一方の角度を決めれば片方の角度が決められます。接触角を小さくするとドックが入りやすくなります。そのため、ドック角度を小さくしてドックの数を増やす方法がありますが、ドック1本当たりの強度が低下するので、多数ドックでのかみ合いが必須となります。そのため、製造での精度を上げることが必要となります。相対的な回転差のあるところにかみ合わせるわけですから、かみ合いは衝撃を伴います。従って、強度的には凸凹ともドックは大きくしておくことが有利です。

　これからわかるように、ドックは強度上からは大きくなくてはならないが、かみ合い上からは小さくする必要があります。また、遊びはドックの入りやすさから大きくしなければならないが、乗車感からは小さくなければならないという物理的矛盾があることになります。ミッションは、強度や信頼

性が必要ですからドックの改善には、今までにない新しい機構などは採用したくない、なるべく変更を少なくしたいわけです。リソース（問題解決に用いることのできる資源、手法）を考えるまでもなく、変更はドックだけで何とかしたいところです。しかし、前述のように「昔からずっとこうだ」というものは心理的惰性が働きやすくなります。そこで、ミッションの機能について整理してみます。

（3） 要求品質の整理と矛盾解決マトリックスの適用

この場合、一般的な要求品質と品質特性との2元表を書くと、ミッションの基本機能は要求品質のごく一部に過ぎないということが理解できます。トルクや回転数を変えることは当たり前の品質要求であって、ユーザーから要求されているのは操作感や確実性といったシフト操作に関することです。つまり、ミッションの基本機能は、商品の魅力的な品質要求には直接結びつくものではありません。そこで、表6-1の機構-要求品質の2元表の関係で見ると、それぞれの機構は何らかの作用をしているので、その分だけ対応が増えてきます。この中から要求項目とドックかみ合い機構との関係を抜き出してみます。

表6-2のような一覧にすると、ドックに対して求められる「変速の確実さ」と「滑らかな動力伝達」とは背反の関係にあるなど、要求項目同士の関係が見えやすくなります。漏れなく要求が出せていると、機構に関して改善する項目と悪化する項目の工学的矛盾が心理的惰性に陥ることなく抽出できます。

これから、工学的矛盾解決マトリックスが使え、適用できる発明原理が見つかります。改善する「変速の確実さ」は「操作の容易性」で、悪化する「滑らかな動力伝達」は「移動物体の動作時間」や「強度」などを選んでも構わないでしょう。こうして得られた発明原理の中から、「局所性質原理」を適用して考えてみます。

局所性質原理とは、物体の各部をその作動にとって最適な状態で考えてみるというものです。そうすると、まず突き当たる角度が大きいからドックが

表6-1 機構-要求品質2元表

要求品質			機構展開 シフタ機構						変速機構				二次減速機構
一次	二次	三次	フォーク支持機構	フォーク移動機構	自転力発生機構	カム位置決め機構	カム送り機構	足踏操作機構	ドッグ噛合機構	ギヤスライド機構	変速歯車機構	変速軸支持機構	
気持ちよくシフトできる	シフトフィーリングがよい	確実なペダル操作感がある			◎	○	○	○					
		ペダル操作が軽い		◎			◎	○					
		節度感、剛性感がある		○		○							
		低温時に固くならない											
	シフトが確実である	走行中、確実に変速できる	○			◎			○				
		走行中にギヤが抜けない			◎				○				
		中途半端な操作でも変速できる							◎				
		ジャンプや凸凹でもギヤ抜けしない							◎				
		停車時でも変速できる											
	操作しやすい	ペダルストロークが適当である						○					
	異音がしない	ペダルが振動しない											
		変速時に音がしない											
強度がある	ギヤの歯が折れない	ウイリーやジャンプで壊れない									○	○	○
		乱暴なシフトダウンで壊れない											
静かである		転倒しても故障しない											

表6-2 要求項目とドックの機構

要求項目	ドックかみ合い機構
走行中、確実に変速できる	○
走行中にギヤが抜けない	○
中途半端な操作でも変速できる	○
ジャンプや凸凹でギヤ抜けしない	○
停車時でも変速できる	◎
変速時に音がしない	◎
加減速時ショックがない	○
変速時ショックがない	○
街中走行でギクシャクしない	○
スロットルに駆動力の遅れがない	◎
ウイリーやジャンプで壊れない	○
乱暴なシフトダウンで壊れない	○

干渉するわけですから、ドック先端を狭くしてしまえばよいというアイデアが出ます。そして、一つのドックで駆動用と逆駆動用との両方の作用をさせているのを分けてしまえばよいというアイデアが出てきます。最初に突き当たる先端部だけを狭くするのであれば根元の強度には影響しません。そうすると、ドックの片側だけ使用すればよいので、のこぎり形の形状のドックでよいことになります。これを駆動用と逆駆動用と備えれば、凸ドックの干渉する角度は一部だけとなります。凹の角度や凹と凹との間の柱は従来と同じ角度で設定でき、柱ものこぎり形状とすることで凸との干渉はなくなります。これによって、凸の強度とかみ合いの干渉とは関係なくなります。従来は、接触角と遊び角とが背反関係にあり、ドックの強度を増すと、接触角が大きくなり、遊び角が小さくなるという関係でしたが、今回のアイデアでは接触角は問題なく小さくでき、遊び角は独自に設定できることになります。

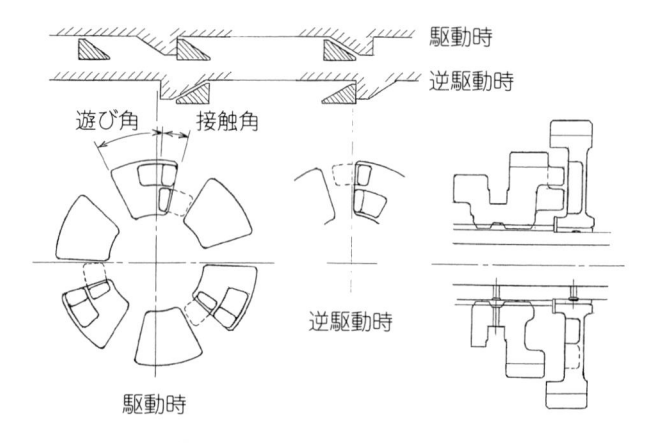

図6-3 ドックの作動説明

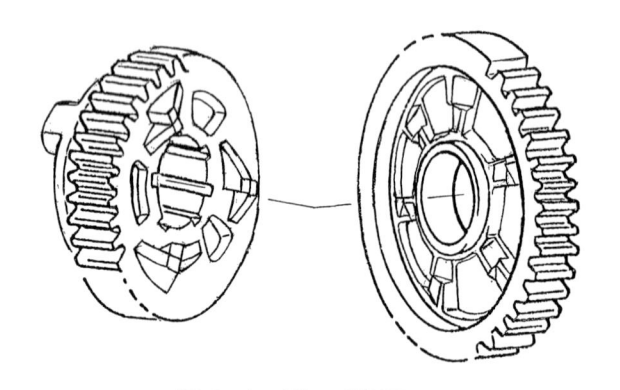

図6-4 ギヤの斜視図

　径方向に凸が二つ配置されることから、寸法的な制約が出てきます。しかし、問題はローギヤでのドックのかみ合いの改善ですから、ロー以外への適用は不要となり問題となりません。ドックのかみ合いを図6-3に示します。また、斜視したものを図6-4に示します。
　このように、従来から当たり前と思われていることでも、要求品質から考えてみると、改善する特性や悪化する特性が出しやすくなります。要求品質-構成要素で表される品質表に限らず、2元表は色々な書き方ができますから、組合せで新たな見方ができる場合があります。心理的惰性では、技術者

が「これはこういうものだ」と思い込んでいる場合もあります。そのようなときには、改善する特性や悪化する特性が限定されてしまって、せっかくの工学的矛盾解決マトリックスから得られる組合せが少なくなってしまいますから、面倒でも2元表などで整理してみることも一つの方法です。2元表で対応を見ることによって、心理的惰性が防げるわけです。

6-2 エンジン冷却ラジエータ
～ステップで考えるとアイデアは出せる～

　エンジンの冷却に用いられる装置にラジエータがあります。自動車などでは、日常点検でもかつてのように冷却水の点検をほとんどする必要がなくなっていますが、誰もが目にしたことはあるものです。いうまでもなく、走行する際の風によって冷却水との熱交換を行うものですが、自動車の小型化・軽量化の要求に沿って効率のよい形式に移行し、アルミ化されてきているものです。低速でも高速でも、冷却のよいものが求められるものですので、新しいアイデアがないのか考えてみます。

（1）問題の概要

　現在では、構造的にはルーバ付きコルゲートフィン型と呼ばれるものが主流です。構成としては、アッパタンクとローワタンクとの間を冷却水の流れ

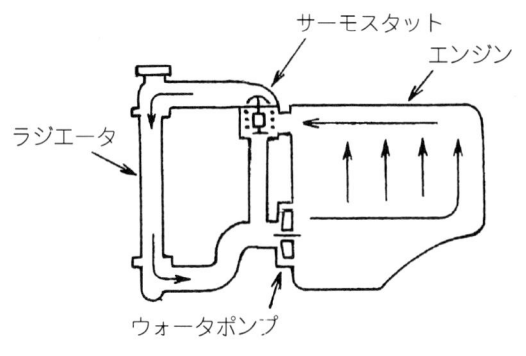

図6-5　エンジンの冷却系

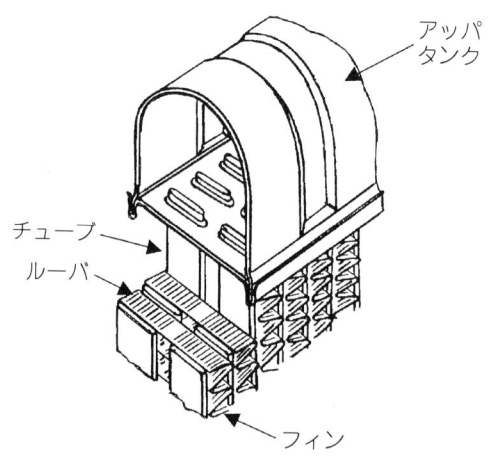

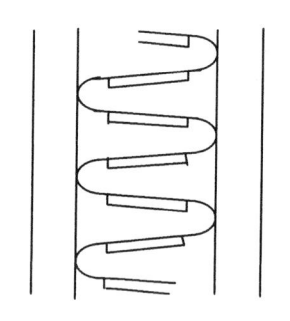

図6-6 ラジエータの構造　　図6-7 フィンの正面視

るチューブの間にフィンがろう付けされて重ね合わされています。フィンが薄くルーバと呼ばれるフィンを備えて効率が上げられた結果、ほとんどがSR（シングルロー：チューブが1列）を採用しており、小型化が可能になってきています。図6-5は、エンジンの冷却システムです。また図6-6は、現在のラジエータ構造を示しています。

　熱交換部はフィンとチューブとから構成されています。放熱面積を増せば冷却が改善できると考えられるため、フィンピッチを詰めて放熱面積を稼ぐ方法が考えられます（図6-7）。しかし、これではフィン間に空気が流れにくくなり、特に低速では通過する冷却風速が遅くなるため、充分な空気量が得られず、空気温度が上昇して逆に冷却を悪くしてしまうことが知られています。また、SRをWR（ダブルロー：チューブが2列）にして厚さを増すことも、同様に放熱面積の増加となりますが、ラジエータ前面に冷たい空気が当たり、後に行くに従って温度が上がるため、厚さを増すと効率が低下することも知られています。

　ルーバの役目は熱伝達率を向上させるもので、短いルーバで境界層が分断されるため、局所熱伝達率の低下がなくなり、平均的に高い熱伝達率の領域を使うことで、熱伝達率の向上が図られています。理論的には、ルーバのピ

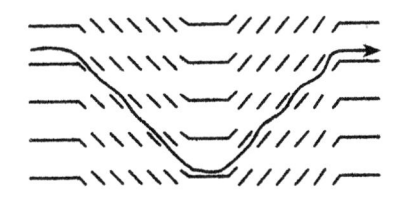

図6-8　ルーバを通る空気の流れ

ッチを小さく、すなわち長さを短くすると、境界層の影響がなくなり、効率が上がることになります。熱伝達率の式[1]は次のとおりです。

$$\alpha = 0.644 \frac{U}{\nu L_p} Pr^{1/3} \lambda$$

ここで、α：平板の平均熱伝達率（ルーバの熱伝達率）、U：上流の流体の速度、ν：動粘性係数、L_p：ルーバのピッチ、Pr：プラントル数、λ：熱伝導率です。

　しかし、ピッチを小さくしていくと理論からずれるようになります。それは、風の流れがうまくルーバ間を通過できないために、性能向上ができなくなるためであるといわれています。効率を上げるには、空気の流れが図6-8のようにルーバ間をV字状に流れていくことが必要です。そのためには、ルーバピッチに応じてフィンピッチを小さくすることが必要だとされています。

　ルーバは、ルーバピッチ、ルーバ角度、フィンピッチの三つのパラメータで配列が決定されるため、熱伝達率と空気流れの圧力損失とから最適仕様が決定されます。ここで、ルーバを通る流れをSLP（Smart Little

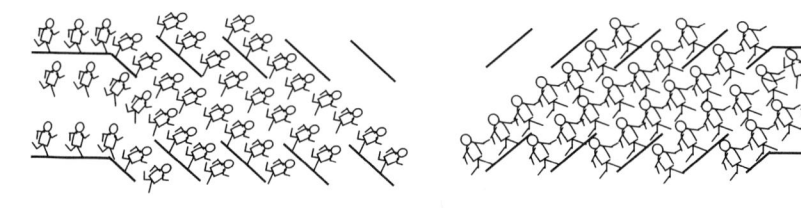

図6-9　ルーバを通る流れSLP

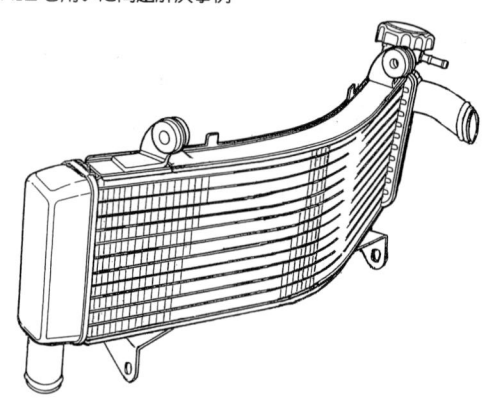

図6-10　ラウンドラジエータ

People) で考えてみると 図6-9 のように表すことができます。

　V字状流れにおける前半下向きの流れと後半上向きの流れとでは同じ質量ですので、温度上昇による膨張を SLP が成長した状態と考えると、後半部はルーバから SLP が出にくくなります。すなわち、抵抗が増えます。出口の SLP の大きさで通過できる人数が決まると考えると、出口に向かって面積が広くなければならないことになります。

　図6-10 のようなラジエータを弧状にすることは、これに対する一つのアイデアのように思えます。タンクを左右に配した横流れタイプとして、チューブとフィンとを弧状に曲げ、小半径側を冷却空気入り口側とすると、出口側に向かってフィンのピッチが大きくなります。従って、上記の課題を達

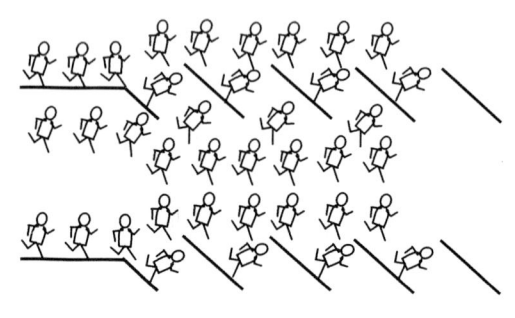

図6-11　フィンピッチ大のときの流れ

成することができそうです。ただし、面積を通過する抵抗を考えると、そのままでは図6-11のようにフィン間を素通りしてしまう流れが増えるので、ルーバのピッチも大きくしてルーバ間を流れるようにすることが必要です。しかし、このためにはルーバ長さが大きくなってしまうことから、理論式の方向とは逆に熱伝達率を低下させることになります。

（2） 問題の定義

ここで、もう一度問題を整理してみます。ルーバの熱伝達率を上げるにはルーバを短くすることですが、そのためにはフィンピッチを小さくして、空気が素通りすることなくルーバの間をV字状に流れる必要があります。しかし、フィンからの熱によって空気の体積が増えるので、出口側に行くに従って抵抗が増えます。ルーバピッチ、フィンピッチが小さいと、圧力損失が大きくなり抵抗が大きくなるので、通過する空気の速度が遅いとき、すなわち低速時には効率が低下することになります。それでは高速時にはどうかというと、ルーバピッチをもっと極端に小さくしてフィンピッチも詰めると、圧力損失が増えて低速時と同様に効率が低下しますが、空気の通過する時間が短いので、一般的には低速時よりも小さなフィンピッチにできると考えられます。

従って、工学的矛盾は次のように表されます。
（a）工学的矛盾1：低速で効率のよいラジエータは、フィンピッチを大きくして空気の流れをよくすることである。この場合、放熱面積の低下により高速時の効率は低下する。
（b）工学的矛盾2：高速で効率のよいラジエータは、フィンピッチを小さくして放熱面積を大きくすることである。この場合、空気流れの抵抗により低速での効率は低下する。

（3） ステップによる問題解決

① ツールとプロダクト

上記により、ツールはフィンのピッチ、プロダクトは効率とします。問題

(a) 工学的矛盾1　　　　　　　(b) 工学的矛盾2

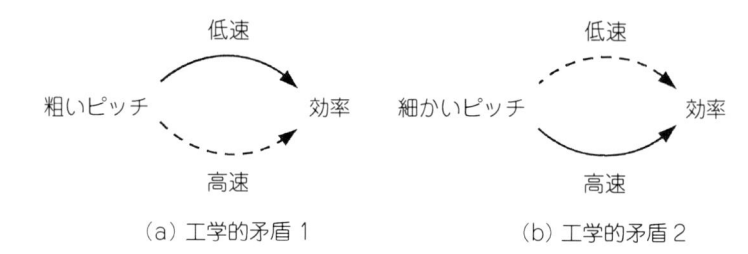

低速で効率のよいラジエータとは、フィンの抵抗が少なく空気の抜けがよいもの
高速で効率のよいラジエータとは、フィンのピッチが小さく放熱面積が大きいもの

図6-12　問題の状況（1）

状況を図示すると、図6-12のとおりです。

② 工学的矛盾の選択

　低速で抵抗を少なくしながら空気との接触面積を大きくすることを考える。従って、工学的矛盾1を選択します。

③ 矛盾の誇張

- フィンピッチは大きくフィン自体はない。だから、空気は抜ける。しかし、接触面積は小さく冷却できない。
- フィンのピッチは小さく、紙の厚さ程度のすき間しかない。だから、フ

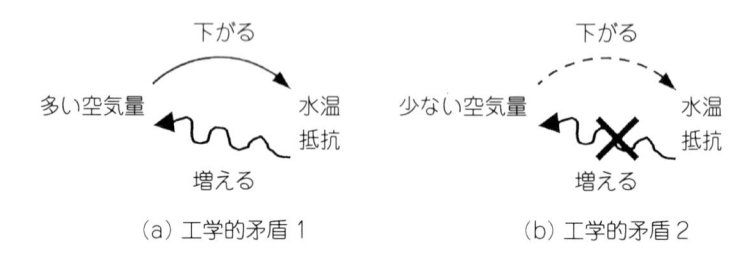

(a) 工学的矛盾1　　　　　　　(b) 工学的矛盾2

フィンを通過する空気量が多いと水温は低下するが、抵抗が増えて流れにくくなる
フィンを通過する空気量が少ないと抵抗は増えないが、水温が十分に低下しなくなる

図6-13　問題状況（2）

ィン数は大きく接触面積は大きい。しかし、空気が通らず冷却できない。
　ここで、最初に考えたフィンピッチの問題ではないことに気づきます。ピッチは小さくても大きくても冷却できません。プロダクトは効率ではありません。従って、ラジエータを通過する空気量は、図6-13のように書き表せます。

④　モデルの定義

　現在のシステムを Product 分析してみると、図6-14のような機能モデルができます。ラジエータシステムは、フィンやルーバの抵抗を減らして空気の通過をしやすくし、空気によってフィンを冷やし、チューブから伝えられた熱をフィンによって冷却し、チューブを流れる水の温度を低下させています。このような、有用作用、有害作用が明確にできると問題はどこなのかがわかります。

　以上よりモデルの定義をすると、次のようになります。

- システムのツールは冷却フィンである。
- 空気との接触面積が大きく、かつ空気の抜けのよいフィンが必要である。
- システムのプロダクトは冷却水の温度である。

⑤　問題のモデルの分析

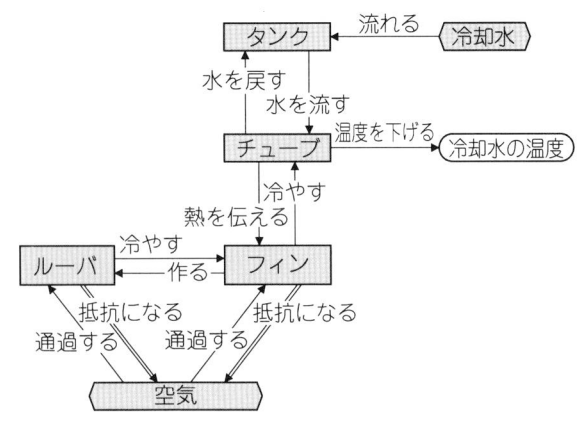

図6-14　ラジエータの機能モデル

- 動作空間は冷却フィンの周り
- 動作時間はエンジンの運転中

⑥ 利用することのできるリソース

Substance	Field
ツール：材料、形状	形状、表面、厚さ、穴
プロダクト：水	速度、重力
チューブ：材料、形状	形状、ピッチ、断面積、板厚
空気：密度	速度、圧力

⑦ 理想的最終解（IFR）と物理的矛盾

IFR, 1	フィンの材料は水の温度を下げる
IFR, 2	フィンの形状は水の温度を下げる
IFR, 3	フィンの表面は水の温度を下げる
IFR, 4	フィンの厚さは水の温度を下げる
IFR, 5	フィンの孔は水の温度を下げる
IFR, 6	冷却水の速度は水の温度を下げる
IFR, 7	冷却水の重力は水の温度を下げる
IFR, 8	チューブの材料は水の温度を下げる
IFR, 9	チューブの形状は水の温度を下げる
IFR, 10	チューブのピッチは水の温度を下げる
IFR, 11	チューブの断面積は水の温度を下げる
IFR, 12	チューブの板厚は水の温度を下げる
IFR, 13	空気の速度は水の温度を下げる
IFR, 14	空気の圧力は水の温度を下げる

　物理的矛盾は、「水の温度を下げるためフィンは空気が抵抗なく流れる大きな通路でなければならないが、同時に空気との接触が多い小さな通路でなければならない」、すなわち、「フィン通路は大きくなければならないが、同時に小さくなければならない」ということです。

　解決するには、「通路の大きさを大きく得ながら表面積を増やすこと」と、「フィンから空気への熱伝達の向上」です。ルーバの間をV字状に流す以外

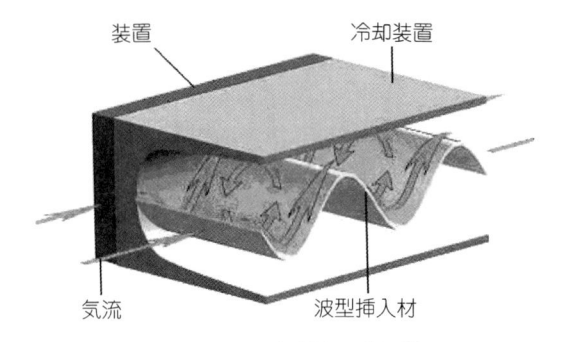

図6-15 半導体の冷却[2)]

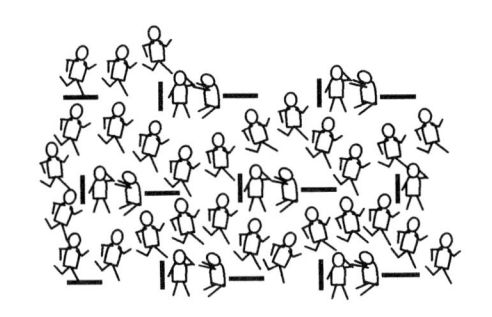

図6-16 解決案SLP

の方法があるように思います。Effectsの「パラメータ：変化させる」、「熱パラメータを変化させる」の例から、図6-15の「半導体の冷却」を見ると、乱流によって熱伝達が向上する例が示されており、乱流によって熱抵抗が30〜35％低減すると記されています[2)]。

⑧ SLPの適用による検討

ラジエータに適用する乱流の空気の流れはどのようであるべきかをSLPで考えると、図6-16のように考えられます。単に、一定方向に流れるのでなく、様々にぶつかって、色々と細かく流れの方向を変えながら流れていくために、大きな抵抗にならないような障害があることが必要だと考えています。

⑨ 解決案の発想

アイデアとしては、大きな孔の開いた、かつ途中に障害物のある通路（例

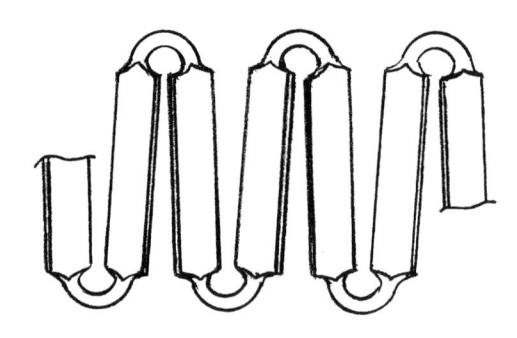

図6-17　ワイヤの斜視図

えば、亀の子たわし）が挙げられます。一定のフィンで同じ形状のルーバでなくても構わないと考え、不規則に空気があちこちにぶつかって流れることを求めると、形状として多孔質のような考えが出ます。そして、もっと空気の通路を大きくすると考えると、亀の子たわしの考えになります。具体的には、亀の子たわしをヒントにフィンを従来の板からワイヤによって構成するものとします。

　図6-17のように、波型に曲げたワイヤでチューブ間をつなぎ、効率を上げるためにワイヤの途中を平らにつぶした薄い平面状として表面積を増やしながら、長さはルーバ並みに短くして局部熱伝達率を上げます。平面の向きを90°ずつ交互に配置して空気との接触面積を確保しながら細かく乱流発生する作用を得ます。空気は、前から後ろに抜ける流れとなるため、通過時間は短くなりますが、細かく方向を変え乱流を発生するので熱伝達率は高く得られます。

　亀の子たわしの発想からワイヤとしていますが、細いリボンのイメージです。乱流であるから、平面の長さは長くてもよいが、抵抗の大きさも含め具体的な効果は確認してみる必要があります。平面部の向きはランダムでも構わないかも知れません。

　ラジエータの冷却の仕方は、フィンに熱を伝えてフィンを冷却することでチューブの温度を低下させる作用をしているわけです。従来のフィンがルーバを構成するために、スリットが切られて、熱流が阻害され温度勾配が変化

しているのに対して、解決案ではワイヤの断面積は一定であるので、チューブからの熱がフィン間のワイヤ全体にまで伝えられるため、空気との温度差が高く得られ効率が得られるメリットも考えられます。流れだけでなく温度差は熱伝達に大きく効果があるのでこれを利用するものです。大きな通路面積を保ちながら乱流を発生させて冷却を改善するというアイデアが得られました。

　次の段階として生産性の点からの解決案出しが求められてきますから、またTRIZによって解決策を見つけて進めることになります。

引用・参考文献

1) 平松道雄ほか：ラジエータの改良・研究, 内燃機関, 山海堂, Vol.25（1986-2）p.21
2) Tech Optimizer™ Professional Edition J

7章
技術開発テーマ探索

　TRIZに示されている技術進化のパターンは、技術進化の予測を可能とするもので、将来の技術開発に対しての有効なツールであることが示されています。次に何を開発すべきか、テーマを早く見つけることが今日では極めて重要です。先にスタートすることの優位性は、TRIZを使ったときにアイデア出しが効率的に行えることから、より効果的に作用します。問題解決だけでなく、対象とする技術システムの進化の方向を検討することが可能になることから、これを事例でみます。

7-1　将来の洗濯用洗剤の技術テーマは？
〜次代の開発テーマはこうして出す〜

　洗濯用洗剤について、TRIZを用いて技術開発テーマのアイデア出しを考えます。洗剤は、毎日の洗濯に使う誰でも知っている馴染みのものです。

(1) 歴史的推移

　まず、表7-1に示すように、これまでの進化を歴史的な推移でみます。洗濯の仕方が変化して、かつての固形石けんから粉石けんとなり、そして顆粒状の粉末洗剤へと大きく進化してきた中で、香り付きとか漂白剤入りなどがあったり、最近では酵素入りなどによる洗浄力強化によって使用量を減ら

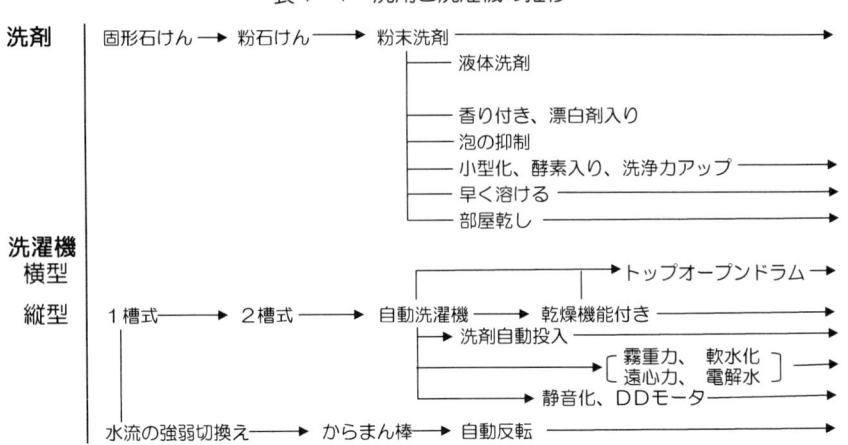

表7-1 洗剤と洗濯機の推移

洗剤	固形石けん → 粉石けん → 粉末洗剤 ─────────────────→
	├─ 液体洗剤
	├─ 香り付き、漂白剤入り
	├─ 泡の抑制
	├─ 小型化、酵素入り、洗浄力アップ ──→
	├─ 早く溶ける ──────────→
	└─ 部屋乾し

洗濯機					
横型				┌─ トップオープンドラム →	
縦型	1槽式 → 2槽式 →	自動洗濯機 →	乾燥機能付き ───→		
			├─ 洗剤自動投入 ──────→		
			├─[霧重力、軟水化 / 遠心力、電解水]→		
			└─ 静音化、DDモータ ──→		
	水流の強弱切換え → からまん棒 → 自動反転				

せて容器のコンパクト化がされたりしてきています。

　洗濯をシステムとして考えるために洗濯機についても見てみると、1槽式から2槽式、そして全自動式から乾燥機能付きなどへとライフスタイルの変化に対応して進化しています。また、水流の切換え式や洗濯物のからみ防止、また洗剤の自動投入などの利便性の向上や、泡を使って洗うとか回転を上げて遠心力を用いる、あるいは水の軟水化や電解水を用いるものなど、洗浄力を向上する色々な改良もされてきています。洗濯機は、きれいに洗うことはもちろんですが、その中で使う洗剤量を減らす、あるいは水や時間を減らすなどのために、洗濯方法についての改良が続いていることがわかります。洗濯機に、次々と新しい機能が取り入れられるのは、先の図1-1の開発リードタイムの違いによって洗剤よりも洗濯機の方が開発リードタイムが短いためです。その結果、洗濯システムとしてみたときに洗濯機が主導権を握っている感じがします。

（2）今後のトレンド予想

　これまでの推移から市場のトレンド（動向）の予想を考えます。汚れを落とす、きれいに洗うという洗い上がり品質の向上は洗濯システムの基本的な

有用機能ですが、洗濯機の「洗剤レス」のようなインパクトがあり、意味のある機能は、理解しやすく、受け入れられやすいと考えられます。一方、洗濯にかける時間も従来から短縮化が図られています。そのため、ライフスタイルの変化もあり、洗濯の自動化は進展するだろうと考えられます。また、環境や安全に対する意識はますます高まり、洗剤による河川の汚れへの関心や、洗濯物に香りが付いていることは洗濯物への洗剤が残っていることだと敬遠されるようになるなど、従来とは異なる見方、考え方への対応もポイントとなってくると考えられます。

　このような変化は、「洗剤レス」の登場などもあり、生活者にとって洗剤は洗濯に不可欠なものであるということが常識でなくなってきており、むしろ必要悪との認識にもなってきているという見方ができます。このように、洗剤の開発には洗濯機との開発リードタイムだけでなく、意識が変化してきていることを踏まえて将来を予測した先行的な取組みが求められることがわかります。

（3）　洗濯問題への対応

　開発テーマを考えるには、改善したい特性と悪化する特性との工学的矛盾解決マトリックスを用いて、縦と横の交点からの発明原理で考えることができます。例えば、汚れ落ちをもっとよくしたい、そのためには洗剤の量を増やすことも一つの方法ですが、そうすると洗剤使用量が増えるとか、すすぎが不十分になる、あるいは河川を汚すなどの悪化する作用が出ます。これらから、「物体が発する有害要因」が改善する特性で、「物質損失」や「移動物体のエネルギー損失」、「物質の組成の安定性」などが悪化する特性と考えることができ、これによって発明原理が導かれ、アイデアを考えることになります。改善する特性、悪化する特性を色々挙げることで多くの発明原理が適用できます。表7-2に、工学的矛盾からのアイデア出し事例を示します。

　問題解決の際には具体的なアイデアが求められますが、この場合はコンセプトを求めることになりますから、洗濯システムについての希望点として挙げるようなもので構わないでしょう。洗剤そのものについてというよりも、

7-1 将来の洗濯用洗剤の技術テーマは

表7-2 工学的矛盾からの検討

No.	改良したい作用	悪化する作用	改善したい特性	劣化する特性	発明原理	改良アイデア
1	汚れ落ちをもっとよくしたい	洗剤使用量が増大する	物体が発生する有害要因	物質損失	先取り作用原理 分割原理 排除/再生原理	繊維への浸透力を高めた洗剤 洗浄力を強化し少い量で洗える洗剤 洗浄力が長続きし繰り返し洗える洗剤
2	汚れ落ちをもっとよくしたい	すすぎが不十分になる	物体が発生する有害要因	移動物体のエネルギー損失	分離原理 パラメータ変更原理 汎用性原理	洗濯時間を長くすると浸透力がなくなる洗剤 時間が経つと洗剤濃度が薄くなる 洗剤自体の作用を弱める動きを持つ洗剤
3	汚れ落ちをもっとよくしたい	河川を汚す	物体が発生する有害要因	物質の組成の安定性	パラメータ変更原理 複合材料原理 高価な長寿命のより安価な短寿命の原理 不活性雰囲気利用原理	生分解性を持つ洗剤 環境に影響を与えない物質を加えた洗剤 一定時間経過すると中和する 洗剤を中和する物質を加えた洗剤
4	水の使用量を減らしたい	汚れ落ちが不均一になる	物質の量	物体が発生する有害要因	局所性質原理 パラメータ変更原理 複合材料原理 不活性雰囲気利用原理	汚れに強い成分を重点とする洗剤 泡を発生させて汚れに一様に洗う洗剤 洗濯物のからみをなくする洗剤 溶け出した汚れの再付着を抑える洗剤
5	湯気で固まらなくしたい	水に溶けにくくなる	操作の容易性	時間損失	非対称原理 機械的システム代替原理 先取り作用原理 排除/再生原理	水に溶けやすく温気に反応しない洗剤 光や音に反応して溶けやすくなる洗剤 液体洗剤 表層を覆って温気から内部を保護する洗剤
6	すすぎの水量、時間を減らしたい	すすぎが不十分になる	物質の量	物質損失	汎用性原理 局所性質原理 先取り作用原理 仲介原理	すすぎで繊維から離脱しやすくなる洗剤 汚れ落しが進むと繊維から離れていく洗剤 洗剤を除去するすすぎ専用洗剤 洗剤落ちを触媒を用いた洗剤
7	すすぎで洗剤を完全に落としたい	すすぎ時間、水量が増える	移動物体の動作時間	移動物体のエネルギー損失	機械的システム代替原理 汎用性原理 パラメータ変更原理 機械的振動原理	日光で繊維に残った洗剤を分解する洗剤 脱水時に繊維からの浸透力を低下させる洗剤 脱水時の力で繊維から抜けやすい洗剤 超音波振動ですすぎの効率を高められる洗剤

表 7-3 発明原理の適用

No.	発明原理	アイデア
1	分割原理	1回分ごとに折って使う洗剤
2	分離原理	白物だけを徹底的に白くする洗剤(ワイシャツが真っ白に洗える)
3	局所性質原理	襟と袖で成分が異なる洗剤 ex. 紫外線, 温度, 汗, 布の厚さ etc
4	非対称原理	洗濯機によって使い分けする洗剤 ex. 縦型, ドラム型, 乾燥機能付き
5	組合せ原理	マイナスイオンを発生する洗剤
6	汎用性原理	洗濯槽をきれいにし(防ぐ), 風呂洗いにも使える洗剤
7	入れ子原理	洗剤の中の柔軟剤がすすぎのときに溶けて出てくる洗剤
8	つり合あい原理	水の中間を調整する洗剤
9	先取り反作用原理	日光による洗濯物の変色を防止する洗剤
10	先取り応用原理	洗濯機による色あせを早くする洗剤
11	事前保護原理	色を固定化し衣料の色落ちしない洗剤
12	等ポテンシャル原理	襟や袖の汚れを集中的に落とす洗剤
13	逆発想原理	洗剤の要らない洗濯機に使うと汚れしか効果のない洗剤
14	曲面原理	洗剤中にかたらんだに衣類にしてもきれいに洗える洗剤
15	ダイナミック原理	つけておくだけで流動を発生させて汚れが落ちる洗剤(洗濯機不要)
16	アバウト原理	軽い汚れ落ちに限定して環境配慮の洗剤
17	他次元移行原理	汚れ落しがすんだら気化してなくなる洗剤
18	機械的振動原理	洗濯機の振動で汚れに効果的な泡を発生する洗剤
19	周期的作用原理	汚れに衝撃を与えアタックして汚れを落とす洗剤
20	連続性実行原理	水の流動で洗浄力が洗濯時間を半分にする洗剤
21	高速実行原理	居室内で洗う時間を備える洗剤
22	災いを福となすの原理	防虫効果も備える洗剤
23	フィードバック原理	色ムラで洗剤量を知らせる"おりこう洗剤"
24	仲介原理	すすぎのときの水の濃度になると繊維から抜け出してすすぎがしやすくなる洗剤
25	セルフサービス原理	汚れ落ちが終わると自動的に清浄水に変える洗剤
26	代替原理	食器にまで使え野菜まで洗える洗剤
27	高価な長寿命のものより安価な短命の原理	毎日に日持ちが活きる時間し洗剤
28	機械的システムの代替原理	お湯につけると汚れ落し洗剤に衣類がすぐきれいになる洗剤
29	流体利用原理	脱水時の遠心力で容易に衣類から抜け出す洗剤
30	薄膜利用原理	上に浮きらずに泡を発生して洗剤のからみをなくす洗剤
31	多孔質利用原理	はじける泡を発生して汚れに衝撃を与えて汚れを落とす洗剤
32	変色利用原理	衣類の紫外線量をカットする洗剤
33	均質性原理	素早く水に溶ける洗剤
34	排除/再生原理	汚れを固形化して再利用する洗剤
35	パラメータ変更原理	排水後, 時間と共に消滅して河川に影響を与えない洗剤
36	相変化原理	液体洗剤, 気体洗剤, スプレー式洗剤
37	熱膨張原理	お湯で溶くと汚れ落し効果が大きくなる洗剤
38	高濃度酸素利用原理	活性酸素を出す洗剤
39	不活性雰囲気利用原理	海水, 硬水でも使える洗剤
40	複合材料原理	細かい粒きが入った洗剤

システムとしてみた方がアイデアが出しやすいので、全体として洗濯システムで考えます。ですから、その分野の技術知識がなくても構わないでしょう。改善する特性、悪化する特性がうまく対応できなかったら40の発明原理をチェックリストとして用いて、これから直接アイデア出しすることも可能です。40の発明原理を適用したものが表7-3のものです。

(4) 洗濯の理想解

洗濯システムを考える際のツールとして、ソフトにあるプロセス分析を用いてみます。洗濯の工程は、洗濯機に洗濯物を投入し、洗剤を入れて注水し、洗濯するという一連の手順で行いますが、その後、全く同じすすぎ工程を2回繰り返します。洗濯機にそのようにプログラミングされていて、洗濯物から洗剤を抜くために行っている工程ですが、一般的に、例えば工場の製造工

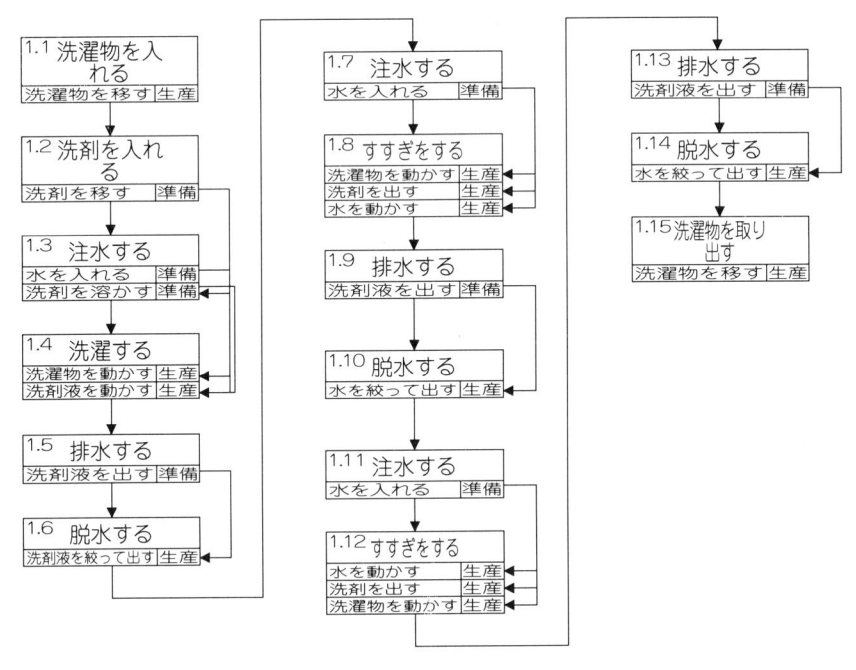

図7-1 洗濯プロセス分析

程で考えれば、このような同じ内容の繰返しは無駄な作業ではないかという見方になります。図7-1に示すプロセス分析は、工程の意味を考えながら表せるので、検討に際して有効なものです。

　これから洗濯の理想解を考えると、すすぎを一度で完了することが考えられます。そのための解決方法をステップに従って考えてみます。まず、「理想的な最終成果は何か」と考えると、「洗濯時には汚れをしっかり落とせて、すすぎ時には短時間で洗剤が落とせること」となります。では、「その障害は何か」と考えると、それは、「洗剤の濃度を高めると、すすぎのとき洗剤が落ちにくいこと」です。その「障害の原因は何か」といえば、「すすぎのときに洗剤が洗濯物から抜け出しにくいこと」であるといえます。それでは、「どんな条件で障害はなくなるか」というと、「すすぎのときの水に洗剤が溶けるなど、洗剤の特性が変化する」ということになります。洗濯物から洗剤を抜き出すだけでなく、洗剤が変化すればよい、洗剤が洗剤でなくなればよいということです。そのため、洗濯システムの中から使用できるリソースを考慮すると、一つは洗剤自体が変化することで、「洗濯が終了すると洗剤が消えてなくなる」ことです。あるいは、洗剤の特性を変化させるものを加えることですから、「洗濯終了時に洗剤から溶け出す」ものを洗剤に持たせておくことです。

　TRIZのいい方でいうと、すすぎを2回実施していることはもちろん、洗ったらすすぐと考えていることが心理的惰性だということが理解できます。洗剤の特性を変えることで2回のすすぎを1回にすることができますが、さらには洗濯の途中で洗濯水がすすぎの水に変化することができれば、すすぎそのものが不要となります。洗濯工程がすすぎに変化することで、すすぎに要する水と時間は最小となります。これが、図7-2の洗濯の最終的な理想解となります。

　これから、「理想の洗剤とは？についてSLP (Smart Little People) で考えると、図7-3のような図を書くことができます。汚れを取り出した後に洗剤自体が消えてなくなってしまう、あるいは洗剤と汚れとがともに消えてしまうのは、もっとよいかも知れません。途中で洗濯の水がきれいな水

7-1 将来の洗濯用洗剤の技術テーマは　119

現状：注水　洗濯　脱水　注水　すすぎ　脱水　注水　すすぎ　脱水
△洗剤投入

当面の狙い：注水　洗濯　脱水　注水　すすぎ＆脱水
△
ここですすぎの水に変える

究極：注水　洗濯＆すすぎ脱水
△
洗濯の途中で洗濯水がすすぎの水になる
または洗剤が繊維から抜け出す

1回の水で"洗ってすすいで終わり！"が究極
水、時間、電気のミニマム化

【問題解決ステップ】
第1ステップ：理想的な最終成果は何か
洗濯時には汚れをしっかり落とし
すすぎ時には短時間で洗剤が落とさせること
第2ステップ：障害は何か
洗剤の濃度を高めると
すすぎで洗剤が落ちにくくなる
第3ステップ：障害の原因は何か
すすぎ時に洗剤が洗濯物から抜け出しにくいこと
第4ステップ：どんな条件で障害はなくなるか
すすぎの水に溶けると洗剤の特性が変化する

使用できるリソース
水
汚れ
洗剤
洗濯物
洗濯機

⇨
● 洗剤自体が変化する
　洗濯終了すると消えてなくなる
　洗剤を変化させるものを加える
● 洗濯終了時に洗剤が溶け出す

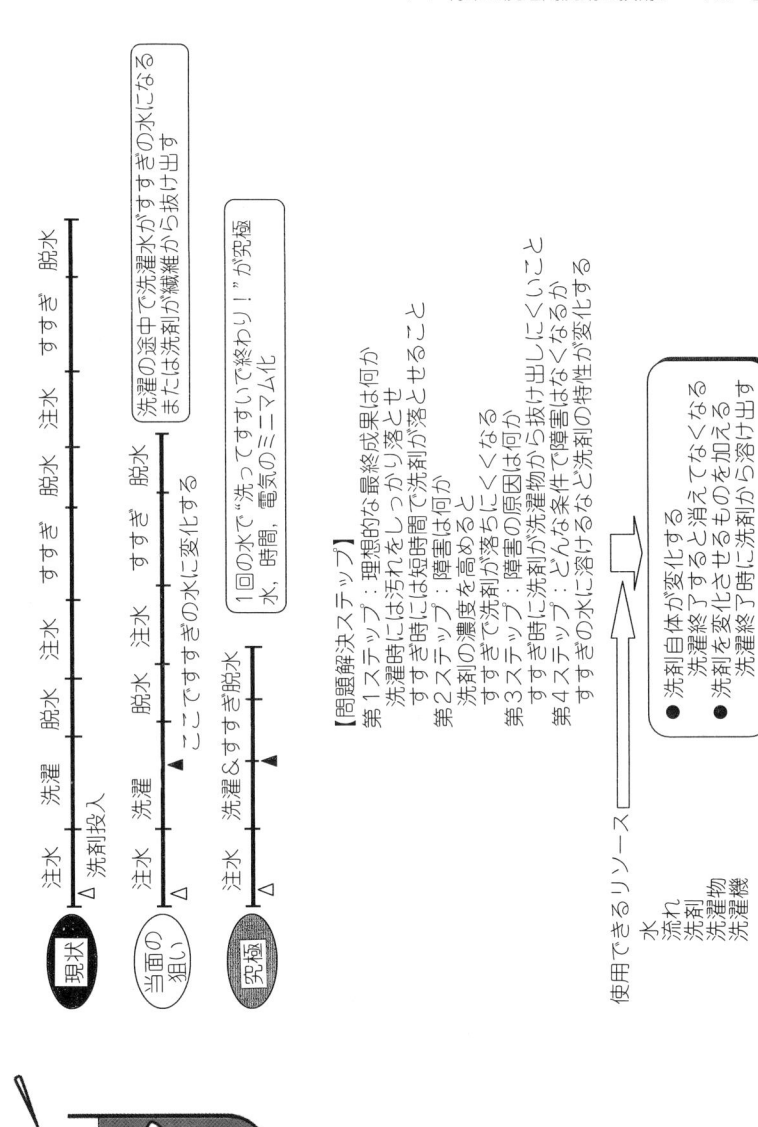

図7-2　理想の洗濯

120　7章　技術開発テーマ探索

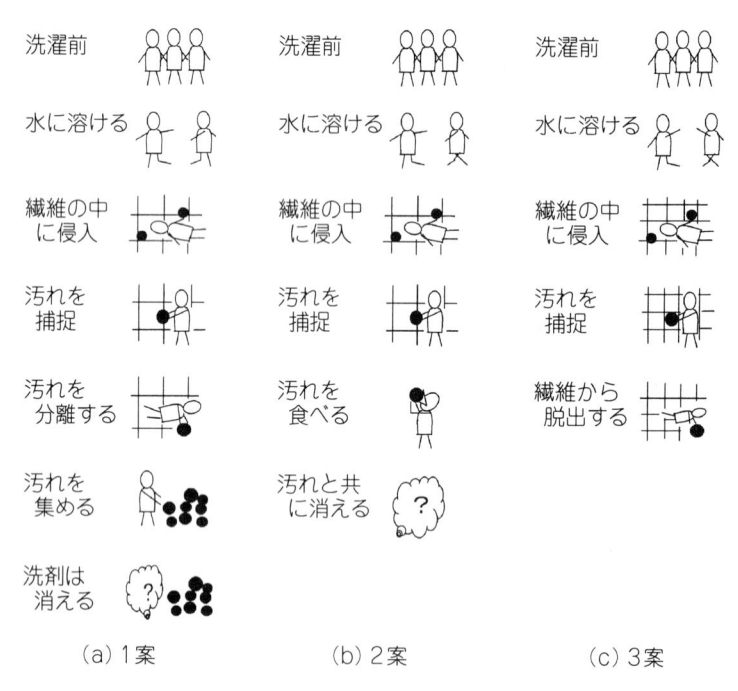

	(a) 1案	(b) 2案	(c) 3案
洗濯前			
水に溶ける			
繊維の中に侵入			
汚れを捕捉			
汚れを分離する	汚れを食べる	繊維から脱出する	
汚れを集める	汚れと共に消える		
洗剤は消える			

図7-3　理想の洗剤に関するSLPによる検討

になるということです。また、すすぎをするにしても洗剤が繊維から抜け出すことが容易にできると、すすぎは簡単になります。理想解を実現するために洗剤の働きについてこのような見方ができます。

　当たり前のことと考えられがちですが、わかりきったことを新たな見方で考えてみることでアイデアが出せないかということがSLPの考え方です。

(5) 技術システムの検討

　物質-場分析を用いることによって、将来の洗濯システムについて新しい考えが出しやすくなります。場や作用体を変えてみることで、新しいシステムが考えやすくなるわけです。それにより、水を使わずに洗濯する、あるいは水を使っても別のものを加えるなどの方法も考えられます。洗濯には水を用いるものだという当たり前のように思っている考えが、「水はなくてもよ

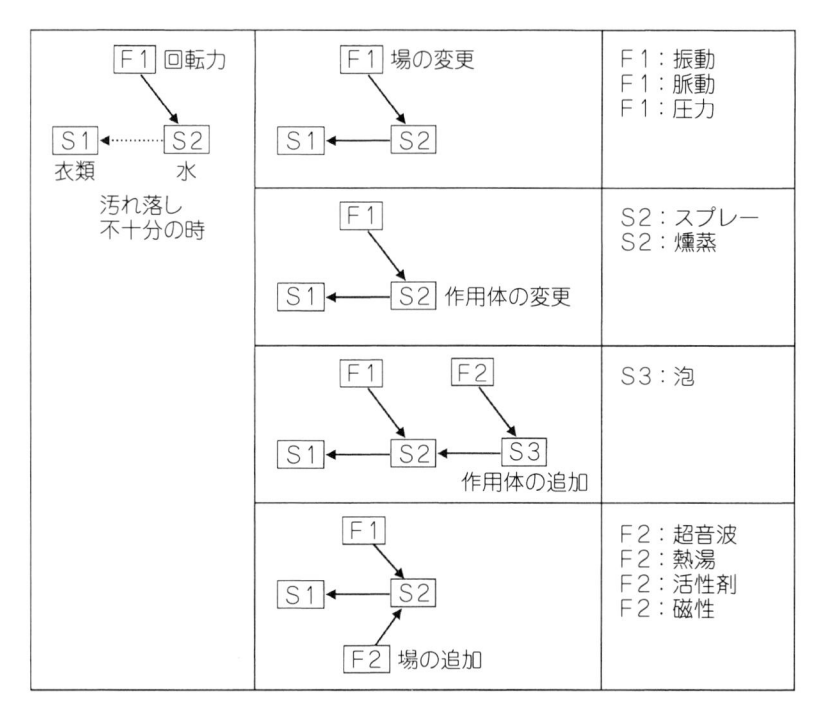

図 7-4　洗濯システムの物質-場分析

いのでは？」、「汚れを落とすためには水を用いなくても構わないのでは？」という見方ができるわけです。このように、可視化して最小のシステムで考える物質-場分析は新しい解決方法の発見に有効です。図 7-4 に汚れ落としが不十分な場合の物質-場分析によるアイデアの事例を挙げます。

　Prediction ソフトの中から洗剤の進化に適用できる事例を探すと、「物質と物体の細分化による進化」が適用できます。これから考えると、固形石けんであったものが粉末洗剤となり、液体やジェル状の洗剤となったことが見てとれます。現在までの進化です。次の段階として、ガス、プラズマを参考にして、例えばスプレー式洗剤が考えられます。水を使わなくてスプレーするだけで汚れ落としする方法です。さらにその次の段階では、電磁界を参考にして紫外線やレーザの利用などによる方法が考えられます。このように、進化の仕方を見ていくことで、これまでとは全く異なる汚れ落とし方法

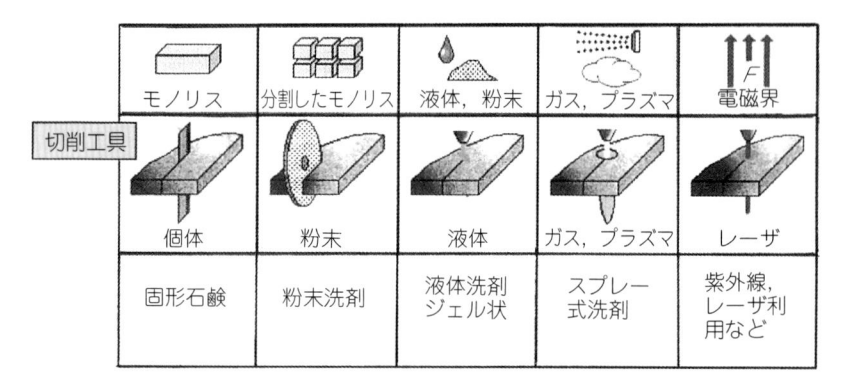

切削工具	モノリス	分割したモノリス	液体，粉末	ガス，プラズマ	電磁界
	個体	粉末	液体	ガス，プラズマ	レーザ
	固形石鹸	粉末洗剤	液体洗剤 ジェル状	スプレー式洗剤	紫外線，レーザ利用など

図7-5 Predictionからのアイデア（物質と物体の細分化）

を洗剤という従来の概念から抜け出して考えることができます。ソフトでは、このように"次"が考えやすくできます。図7-5に示すものです。

（6）進化方向の検討

将来の進化の方向をマルチスクリーンで考えてみます。現在の洗剤を用いる上位のシステムは洗濯機による洗濯システムです。そして、構成要素として用いられている技術は界面技術です。過去は、石けんを使って洗濯板で洗

	過去	現在	未来
スーパーシステム	手洗い	洗濯機	水を使わない洗濯（電磁界洗浄など）
システム	石けん SOAP	合成洗剤 酵素	気体や蒸発する物質 蒸気 クレンザー
構成要素	石けん技術	界面技術	

図7-6 洗濯システムのマルチスクリーン

っていたわけですし、そのときは単なる石けんだけの技術だったことでしょう。それでは、未来の洗濯システムを考えるとどうなるか。一つは、水を使わない洗濯システムが考えられます。そうすると、洗剤は水に溶かして使うのでなく、蒸発させたりして気体で使うものが考えられます。繊維の中の汚れを落とすのに、気体でも繊維の中に入り込みますから、水でなくても構わないわけです。

その技術はというと、それが開発すべきキー技術となるわけです。図7-6が洗濯システムのマルチスクリーンで、このように時間とシステムとを対比で見ることで"次"が考えやすくなります。

表7-4 Effectsからのアイデア

物質：排除する	物質：分離する
・化合物を排除する 　　加熱による脱着 　　化学吸着 　　重合体の感光分解 　　電気分解による汚水処理 ・液体物質を除去する 　　遠心勾配による水分の除去 　　電気浸透による脱水 　　超音波振動による水の除去 　　振動周波数の変化 ・技術的な物体および物質を破壊する 　　レーザイグナイタ 　　超音波振動による水の殺菌 　　衝撃波を用いた固体の破砕 　　流動床での熱分解 ・技術的な物体および物質を排除する 　　音響による不純物の除去 　　減圧による不純物の除去 　　布片の振動による凸凹面の洗浄 ・固体物質の要素を分解する 　　キャビテーションエロージョン 　　ジェット侵食 　　超音波洗浄 　　フォトエッチング 　　プラズマエッチング 　　レーザ蒸発 　　音響キャビテーション 　　音響振動	・化合物を抽出する 　　遠心分離 　　ポリアミドマイクロポーラス膜による 　　　蛋白質のアフィニティ 　　蛋白質の分離および精製 　　電気泳動 　　流動床 　　電流による酸素の分離 ・化合物を分離する 　　紫外線放射によるオゾン分解 　　放射による重合体の破壊 　　流動床での吸熱焙煙 ・化合物を浄化する 　　オゾンの酸化 　　加熱による脱着 　　酸素による漂白溶液の純化 　　漂白溶液の浄化
	物質：移動する
	・固体物質を振動させる 　　キャビテーションの液体振動 　　自励振動システム 　　洗濯機の揺動回転子 　　物質の強制ねじれ振動 ・分子状粒子および分子下粒子を移動させる 　　ジョセフソン電流半導体 　　拡散 　　輸送反応

（7） 技術的な達成方法

そのために、開発すべき技術についてどのような達成方法があるかをEffectsを用いて考えてみます。汚れを落とす方法として、「物質：排除する」や「物質：分離する」とか、「物質：移動する」などから探すことができます。表7-4に、衣類の汚れ落しに適用できそうなEffectsからの方法を挙げます。将来の洗濯システムとして用いる最適な技術は何か、これからは固有技術による検討になります。

（8） 環境の予測

将来の変化方向を予測することが、出された多くのアイデアを選択することからも必要です。まず、社会環境の変化はどうなるかを考えると、安全への関心は高まりこそすれ低くなることはありません。琵琶湖の浄化、水質維持に滋賀県の人々の意識が高いように、積極的に環境を守る考えはこれからも高まっていくでしょう。最近でも、旧日本軍の兵器で水道がヒ素汚染されていたという考えられない事故もあります。

環境に関心を持たざるを得なくなっており、かつての水と安全はタダであるという認識はとっくに過去のものになっています。ですから、生活に不可欠である洗剤についても、環境は考慮しなくてはならないものとなっており、洗濯の水についても「家庭からの産廃」ともいえるものであり、経済性からの使用量だけでなく廃水の影響についても関心が高まっていくと予想できます。

自動車や家電製品が廃棄処理の義務まで負わされている現状では、洗剤についても従来のままですむとは限らなくなるかも知れません。無洗米が、研がなくてもよいという手軽さだけでなく、研ぎ汁を出さないという環境に対しての点からも評価されている事例もあります。また他方で、洗剤レス洗濯機だけでなく洗剤の使用量を抑えるなど、洗濯機の改良は洗剤メーカーにとってはリスクとなります。

一方、厳しさを増す企業間競争に女性の戦力化がポイントとなり、そのた

め家庭においては掃除ロボットなどで家事労力の軽減が進んでいます。しかし、さらに時間のかかる洗濯には、拘束からの開放が望まれ、自動化が進みます。洗剤に対しても商品選択の目として、

バリュー＝（機能）＊（品質）＊（使い勝手）＊（意匠）/コスト

が厳しく問われ、生活者に新たな提案ができ、そこで受け入れられたものだけが市場で残っています。

　このように、洗剤にとって一方では環境志向から洗剤に対して影響や関心が高まり、洗剤使用量の抑制や洗剤そのものを不要とする洗濯機が拡大するリスクがあり、他方ではバリュー向上のため、2次機能や付加機能で洗剤同士の競争もさらに厳しい状況となると予測できます。

（9）　技術テーマの提案

　以上の検討から、「洗剤の主有用機能＝汚れを落とす」についての開発テーマとして以下の提案ができます。

① すすぎ工程の省略は誰にもわかるメリット（時間・水の節約）であり、環境意識の高まりからも重要性が高いので、当面の開発テーマとして提案。

② 汚れを落とすための時間は、洗う時間だけでなく干して乾くまでと考えれば、干すことによって光や熱を用いて、さらにきれいな洗い上がりが実現できる機能が考えられる。これは、洗濯機にできないものであり、洗濯機と共存できるものとして提案。

③ 長期的には、スプレーによる方法も含め、水を用いない汚れ落としシステムの開発取組みを提案（洗濯機との開発リードタイムの違いを考慮して取り組むべき）。

7-2　仕出し弁当の改良
〜技術進化はなくてもアイデアは出せる〜

　会合や集会などの際に、弁当屋から配達してもらう仕出し弁当がありま

す。コンビニなどで買ったものに比べると内容は豪華です。食べる方としては、会議などの重要性や求められるアウトプット（結果、成果）に対して主催者の期待に相当するだけのものが出されるだろうと思います。また、発注した担当者としては金額に対して質、量とも参加者に満足してもらえる内容のものであって欲しいと思います。一方、つくる方の業者としては、お客に満足してもらって再び注文がくるようにしたいものです。この弁当の改良について考えてみます。

（1） 弁当問題への対応

この場合も、改良したい特性と悪化する特性との工学的矛盾解決マトリックスの交点で示された発明原理からアイデアを考えることができます。例えば、通常、弁当は内容と値段を比べて食べる人の最大公約数的な満足を予想して注文されます。メニューに揚げられた中から比較して、この程度でよいかなと考えて注文します。しかし、この値段のものはコレと、設定された中から決めるのでなく、好きなものが選んで食べられるようにしたいというニーズもあるでしょう。

例えば、若い人を対象とすると、ボリュームが求められるし、肉類が好まれるでしょうし、あるいは年輩者が多いと塩分を控えたいとかカロリーを抑えたいとかいう場合も考えられます。そうすると、幾らの値段のものについてはこの内容と、つくる側が設定してプロダクトアウトするのでなく、注文する側が食べたいものを選択できるようにする方法も考えられます。既に、食事する店ではランチのバイキングなどの例がありますから、弁当でもという考えは自然なことです。しかし、実際にそれを弁当で実施するには、当然ながらつくる側の煩雑さが増えることが予想されますから、その解決が必要となります。

このような問題に対しても、マトリックスからの発明原理に沿ってアイデアを考えると出しやすくなります。弁当での例を 表 7-5 に示します。このように、発明原理はサービス要素の強いものにも適用できることが理解できます。

7-2 仕出し弁当の改良

表 7-5 弁当の改善アイデア

No	改良したい作用	悪化する作用	改善する特性	劣化する特性	発明原理	改良アイデア
1	個人ごとに食べたいものを各頼みたい	種類が増えて手配が面倒	35適応性	32つくりやすさ	1分割原理 35パラメータ変更原理 11事前保護原理 10先取りの作用原理	バイキング方式として個別選択可能とする 調味料の種類を増やして個人ごとの好みに対応 季節や曜日ごとにメニューを変えて目新しさを出し 少ない種類でも満足感を得る組合せメニューを提案する
2	できたての感覚で温かいものを食べたい	温めなくてもよいおかずまで温まってしまう	17温度	31悪い副作用	22災い転じて福となすの原理 35パラメータ変更原理 2分離原理 24介在原理	温めるとおいしいおかずだけにする おかずとご飯を二段重ねにしておかずが加熱されない仕組みにする おかずごと飯別々の容器にする 蓋に電磁波をカットする処理部を設けて、レンジ加熱でもおかずが温まらない
3	容器を豪華な感じのものにしたい	再利用のために洗浄のとき面倒	35適応性	34保守の容易さ	1分割原理 16アバウト原理 7入れ子原理 4非対称原理	分解可能な外箱構造にする 隅Rを大きくして洗いやすくする おかずをそれぞれの小容器に入れる 食器洗い機で洗いやすい形状にする
4	容器を豪華な感じのものにしたい	重量が重くなる	35適応性	1動く物体の質量	1分割原理 6汎用性原理 15ダイナミック性原理 8つり合い原理	箱の部分ごとに材料を変える 蓋を和紙にして高級感を出す 返却時に箱が変形して体積が減る 箱と蓋の重さのバランスを変える
5	盛り付けをよくして視覚から食欲を増したい	運搬時、揺動で形が崩れる	12形状	30物体に働く有害要因	22災い転じて福となすの原理 1分割原理 2分離原理 35パラメータ変更原理	代金割引きポイント制にして次回の注文につなげる 個別の容器に入れが崩れにくくする 崩れやすいものは別の容器に入れる クッション付きの配送容器にする

（2） 歴史的推移

　弁当には、仕出しのほかにも、その場でできたてを詰めて持ち帰るものや、コンビニなどでは冷所に置いておいて、電子レンジで「チン」して温めるサービスなどもあります。また、これらのできてから比較的短時間で食べるものとは別に、レトルトなど、つくったものを保存しておいていつでも食べられるようにしたものもあります。

　従って、これらの仕出し以外の例も参考にして弁当の進化を考えてみます。しかし、これまでの推移を考えてみると、あまり進化していないことに気づきます。10年前と比べて、弁当が何か技術的に進化したかというと、目立った変化が見当たりません。幕の内弁当は、昔から幕の内の中身と作り方であるようです。幕の内弁当に限らず、中身の多少の変化はあっても、煮たり、焼いたりしたものである内容に基本的に大きな変化があるようには思えません。

（3） 弁当の理想解

　一般に、料理の味は材料、料理人の腕、調理法であるといわれますが、もう一つ、これに時間が加わります。いかに有名な料理人が最高の材料と方法でつくったものでも、時間が経てば美味しさは低下します。例えば、カウンターで食べる寿司などは、目の前で握ってもらって、できたものをすぐその場で食べるから美味しいと誰もが思っています。それは、できてから食べるまでの時間がゼロ、つまり最も時間が短いから最も美味しいと思うのです。これは、刺身のように新鮮さが特に優先されるものと同様、調理してから時間が経てば味は低下することを知っているからです。

　しかし、そのような特に時間が優先される例を別にすると、料理は一般的にできるだけ手間ひまかけてつくったものが美味しいと感じられます。食の満足には料理にかける手間も含んでいるように思います。ですから、毎度、食べるたびにつくることが最もよい方法ということになります。冷凍して保存しておいても、できたてよりも味は低下しますから、どうしてもという場

合でなければ、積極的には冷凍したものを食べたいとは思いません。ということは、結局、もともと食べ物に関してつくり方に進化を求めていないという見方になります。レトルトなどの新しい技術によって工業的に手を加えたものでも、それを毎日食べるという主流にはなり得ず、従って弁当よりも高く値段がつけられていないのはこういうことではないかと考えられます。

　これは、単に工業的に生産しているから安くできるということではないようです。何日間かの期間を考慮したおせち料理でもない限り、食事は三度三度できたものをすぐ食べるのが最上という意識からではないでしょうか。例えば、老舗の「変わらぬ味」には、昔からのつくり方も含めて、変わらぬ信頼感が寄せられているということです。

　このように、食べることによる健康と安心、安全の三つは変わらぬキーワードですが、それに環境が加わります。保存のためとはいえ、容器の廃棄に困るものは手を出しにくくなっています。材料についても、野菜などは生産者の顔が見えるものが安全であり、安心につながると考えて、価格は割高であっても好んで求められます。遺伝子組換えの食品に抵抗がある人が多いという理由かも知れません。さらにまた、有名な産地のものであっても新鮮さが求められます。新鮮さとは味がよいというだけでなく、そこには新鮮だから食べても大丈夫という心理があります。新鮮なものほどありがたいと思います。だから、どんな材料も採れたてのままなるべく保存しないで使いたいと思うから、保存を目的に手を加えたものよりも、手を加えていないものが好まれます。ですから、手を加えることで価格が低下する場合もあることになります。生きたままの魚が最も好まれるというのはその例であると考えられます。

（4）　技術システムの検討

　材料である魚を生きたまま運ぶことも保存のための一つの方法と思われます。調理されたものも含めて腐りやすいものの保存形態は、昔から缶詰や瓶詰、被覆でした。最近では、レトルトパウチなどがあります。処理加工技術としては、冷凍や乾燥や加熱、塩蔵、化学物質処理など、色々な保存技術が

考え出されています。いずれも劣化要因である酸素、水、微生物の遮断のどれかをすることで、菌の繁殖を抑えて保存するものです。工業化技術としてみれば、以上のような事例があります。

　調理法については、色々な進化があります。最もわかりやすいのは炊飯の仕方で、電気で加熱する炊飯器にしても、ご飯を美味しく炊くために、加熱方法、釜の形状・厚さ・材料、圧力など、釜戸で炊く方法の再現だけでなく、色々な改善がされています。弁当についても、例えば電磁加熱を用いることによって素早く加熱でき、それによって冷たいものでもすぐに温かくできることから、コンビニのような新たなサービス形態が生まれてもいます。

　また、冷凍しても美味しく食べるための冷凍・解凍技術が開発されています。寿司を味が変わらないような冷凍方法で北海道から東京に大量に供給できるようにしたのは、特別な冷凍に関する技術が開発できたからということです。

　しかし、食べ物の本来の調理はスローフードに限るという考えも生まれています。昔から化学調味料よりも、かつおや昆布の天然のだしが本物として用いられるのは、単に味だけでなく手間をかけた本物を本来的に指向しているからであるとも考えられます。こうしてみると、本来は材料の特性を生かした食べ方、またできるだけ自然に近い昔からの食べ方が望まれているように思えます。

（5）　進化方向の検討

　活力のためだけでなく安全や健康など、料理を食べることに対しての要求は変わらないことから、このように進化しないことが望まれている例もあります。しかし、美味しいものを食べたいというニーズは不変です。そのような場合、弁当はどのような調理をするかという調理の仕方だけで、特には進化しようもないように思います。しかし、どこにでもアイデアは求められるものですから、マルチスクリーンで考えてみます。

　現在の仕出し弁当は、店に注文しておいて指定された時間に持ってきてもらうものです。調理したときと食べるまでの間にはある程度の時間の経過が

ありますから、冷めても構わないような調理の仕方がされています。基本的には冷めたものを食べることになります。

では、過去はどうだったかというと、もっと時間的な開きがあったという見方ができます。仕出し弁当というシステムがなかったとしたら自分で準備していくわけですから、時間が経っても傷みにくい材料を使って、傷みにくい調理をすることになります。携帯食としての梅干しのおにぎりなど、昔からのものが挙げられます。そこまででなくても、必ず加熱したし、用いる材料も限定されていました。

このように過去と現在から未来を考えてみると、調理の時間が短縮されて、できたてを食べられるのが理想ということになります。ですから、究極は握った寿司のようにその場で料理して提供するシステムということになります。出張キッチンとでもいえるかも知れませんが、食べる人がつくるところに行くのでなく、調理する人が食べる人のところに来るというシステムです。

そう考えると、料理人に来てもらっても、実際にはつくるための設備や時

	過去	現在	未来
スーパーシステム	自分で持って行く	注文して店から取り寄せる	その場でつくってもらう
システム	おにぎり	仕出し弁当 	できたて料理
構成要素	時間が経ってもいたみにくい食材	冷めても味が落ちない調理	その場で調理しやすく加工された食材

図 7-7　弁当のマルチスクリーン

間も限られますから、ある程度調理しやすくしておくために、レトルトなどで下準備した材料が必要になるでしょう。単なるレトルトでなく、料理人によってプロの手が加わることで、美味しく食べられるというものです。図7-7が弁当のマルチスクリーンです。

　このような進化の仕方も、マルチスクリーンを用いると時間的な見方を大きく捉えることができやすく、変化が少ないものでも進化を考えやすくなります。そのような進化のゆっくりした場合の対応には、お客のニーズをどのように捉えて小回りを利かせて個別対応するかがポイントとなりますから、一般的な発想法や品質機能展開のシーン展開によって要求項目を抽出することでアイデア出しがしやすくなります。例えば、おにぎりであっても、手巻きおにぎりや焼きおにぎり、赤飯のおにぎりなど、コンビニやスーパーに行けば、要求に応える色々なものが並んでいるのがわかります。おにぎりを巻く海苔や中に入れる具にもたくさんの種類があります。これらは、技術的問題を伴う場合は少ないので、従来の発想法を用いることで色々なバリエーションを考え出すことができます。

　大きな進化は、従来の発想法では扱いにくいものです。しかも弁当のような、取り立てて技術的な問題や進化もないものは改良の方向も見つけにくいといえます。しかし、TRIZの手法としてのマルチスクリーンで考えてみることで新たな見方ができるということがわかります。

7-3　進化方向はコストと効果の比較
〜最適な進化事例を見る〜

　場を変更することで進化する事例を既に述べましたが、実際にそのような事例が、自らの技術分野か、あるいは関連のある分野にでもない限り、場を変えての発想には抵抗があります。本当にそのような場を用いることが正しいことなのか、例がないと理解しにくいところです。例えば、自動車では多くのシステムが機械的制御から一足飛びに電子制御に移行していますから、電磁気の場についてのなじみは持っていても、途中の磁気の場などについて

は考えにくい場合があります。

　電子制御は多く用いられていますから、それを例にして自らの問題に容易に考えつくことができますが、当然コストも上がります。電磁気の場を用いることがいつも最もよいシステムとなるかというと、そういうわけではありません。それは、既に5-2節の4WDの例でも見たとおり、目的に応じてシステムの使い分けがされていることからも理解できますが、電子制御までいかずにTRIZで示されている別の場が使えるのか、実際の事例がないと理解が難しいところです。例を挙げてみます。

（1）シートサスペンション

　小型トラックのシートに用いられるサスペンションがあります。トラックのシートは、振動を減衰させて長時間の快適な乗り心地を得るために、単にウレタンの底をスプリングで支えた通常のシートでなく、シートを支えるサスペンションを装備する構造が用いられています。しかし、小型トラックは室内スペースの制約が厳しいため、乗り心地のよいシートを得るためのシートクッションストロークを確保することが難しく、ばね定数を高くとった硬いクッションとなっていました。シートには、細かな振動は軟らかく吸収し、大きな揺れに対しては底づき（限界までストロークして緩衝効果がなくなること）のない特性が求められるものです。そのためには、ストロークが必要となってきますが、室内スペース上からストロークが確保できないとなると、シートクッションを硬く設定することとなります。

　そこで、図7-8のような機械的なコイルスプリングによる減衰方式に代えて、永久磁石による磁気ばねを用いたものが現れました[1]。磁気ばねでは、非線形のばね特性が得られることから、作動初めのばね定数を小さくして乗り心地をよくし、非線形の特性によってストロークエンドでのショックも少ない特性が得られます。従来よりも全ストロークが短くなっているにもかかわらず、従来以上の乗り心地を得るシートサスペンションができます。

　補助的にトーションバーを用いて体重調整を可能としています。従来から乗用車などでは、体の大きさに合わせてシート位置や高さをモータで動かせ

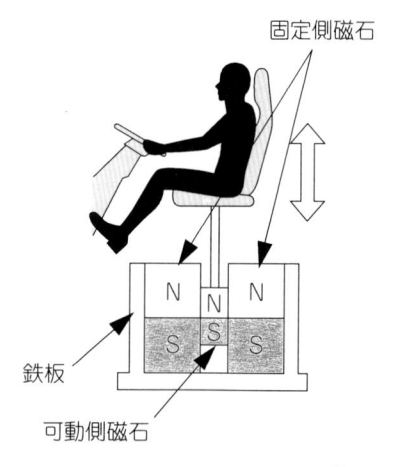

図 7-8 磁気サスペンション[1]

るものがあります。しかし、体重に合わせて調整する機能を備えているところは乗用車以上の仕様です。トラックは、仕事として長時間乗車することによる乗り心地に対するシートのニーズが高いことから採用されたものです。従来、これと同じような特性が得られる空気ばねがありましたが、コストの点から小型トラックへの採用が難しかったという経緯があります。新たなエア供給源をシートの空気ばねのために設けるのは実現しにくいためです。このため、磁気の非線形特性を利用することがコストおよびスペースの面から達成しやすいものとして選定されたわけです。

　技術進化で考えると、自動車で用いられる他の多くの事例のように電子制御という考えに行きつきやすくなります。しかし、乗り心地の改善のためだけにシートの減衰を電子制御するかというと、効果とコストからみて、実際になかなかそこまでの実施には至りません。では、機械的コイルばねから進化させたシステムはと考えると、このように磁気の場というものも"あり"なのだと気づかせてくれます。また磁気の場というと、磁石だけを使って考えるものであるかのような心理的惰性に陥りやすく、体重を支えるだけの力が得られるのかというネガティブな考えが出てしまいやすいのですが、ねじりばねとの組合せによって荷重特性とともに達成しているわけで、ここにも

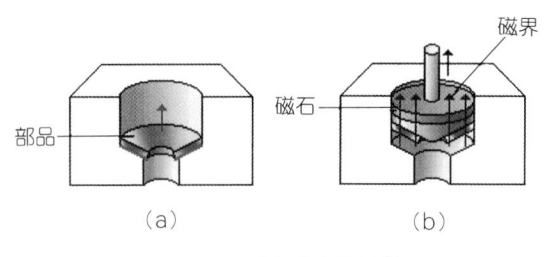

図7-9 磁気抽出装置[2]

考え方が示唆されています。

シートの例と同じような磁気を用いた事例は図7-9に示すもので、Predictionの「場の導入」の事例の「場を両物体周辺領域に」の中の「磁気抽出装置」に見ることができます[2]。

磁気に関して知識を持った技術者であれば思いつくことかも知れませんが、自らの技術分野以外ではなかなか具体的に検討しようという考えにも至らない場合がありがちですが、これなどの事例を見ると、進化の事例として示されているものだけでも検討してみようかという動機になります。このように、TRIZには進化の方向が示されていることから、見方を変えての検討ができます。多く使われている既存技術だからといって安易に電子制御だと考え、コストと効果とを考えると、実現性の見通しがなくなりがちになります。TRIZは、そのことについての見直しができます。

（2） 自動車のマフラ

自動車のマフラといえば、その機能はエンジンからの排気音を低減しながら燃焼ガスを排気するものです。しかし、エンジンの性能の面からは排気を出しやすくするために抵抗を下げることも必要です。エンジンからの間歇的な排気音を滑らかにして静かにするために、従来から色々な内部構造が考えられてきました。しかし、限られた容積の中で一定レベルの音量に低減して、かつ抵抗を少なくするというのは難しく、技術的に新たな変化は見られず、今日に至っています。一般的な構造としては、マフラの内部を隔壁で仕切って部屋をつくり、途中をパイプでつないだもので、部屋で膨張させるこ

とによって音を減衰させるものです。音の低減と流れの低抵抗とは技術的には相反することから工学的矛盾が発生します。別の消音方法として、原理的にはアクティブな消音方法もありますが、排気音の周波数域が広いためまだ実用化は難しいようです。

　マフラとしては、どのような場合でも音が静かで抵抗も少ないことが理想です。しかし、実際の使われる場面と求められる要求とを考えると、市街地など低速で走行する際には、排気の静かさを重点として、逆に高速では排気抵抗を下げることに比重をおくことになります。速度が上がると、風切り音などのため排気音よりも他の騒音の寄与率が大きくなるため、排気騒音としての問題は大きくならないためです。そうすると、高速時には抵抗を減らすために通過する部屋をバイパスさせるようにマフラの内部通路を切り換えるというアイデアが出てきます。それにより、高出力のモデルでは、高速になるとマフラの内部通路をバイパスさせて抵抗を少なくして排出する方式のものが実施され、そのためにモータで通路に設けたバルブを作動させてバイパス経路を開くという方法が採られました。ある設定した速度になると、バルブを開いてバイパスからも排気が流れるようにするものです。しかし、モータの作動は電子制御されますから、当然コストは上がります。

　音と抵抗という問題を解決するために、新たなコストアップという問題が出たという見方ができます。コストアップという有害作用が増えた分だけ理想性が増加したかというと、すぐには判断しにくいところです。一般に、様々なパラメータを用いて色々な条件で細かく制御が要求される場合など、レベルによっては電子制御でないとできないものもありますが、排気通路の制御では、それほど厳密な要求があるとは考えにくいところです。理想性が増加していないものは普及しにくい、あるいは廃れてしまう技術であると考えられます。

　そうすると、厳密に速度によって切り換えなくてもマフラの抵抗が増えてきたときにその抵抗を逃がすという考えが出てきます。速度が高くなればエンジンの回転数も高くなり、マフラの排気流量も増加します。そのため抵抗が増えるので、それを逃がすようにすればよいということです。その程度な

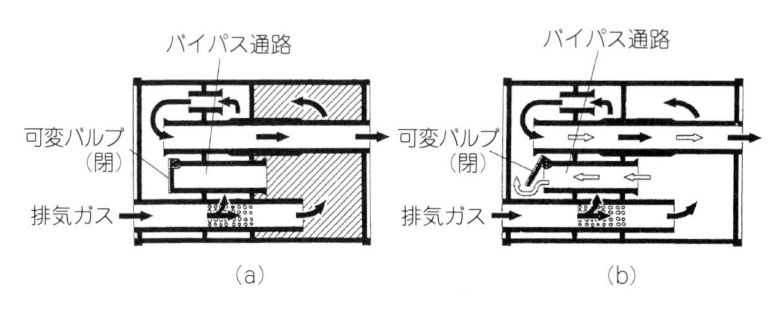

図 7-10　可変バルブを備えたマフラ

ら機械的に実現できます。

　図 7-10 のように、内部の通路パイプ出口端にバルブを設けてスプリングで閉じ力を与えておいて、排気の抵抗が増えたときに抵抗によってバルブが押し開けられれば、そこからバイパスされるというアイデアが出ます。排気流量の増加による抵抗で作動するもので、正確に速度で制御するものではありませんが、求められる制御の程度と効果、コストを比べればこれで十分と考えられます。電子制御が必要になるほどの緻密な制御を必要とするものでなければ、簡単な機械的な場を用いる方が有利です。場を変更するには、そうすることによる新たなメリットが得られることが必要だからです。

　マフラ内部に備えたスプリングのセット荷重や耐熱性などの適合は必要ですが、適正な技術進化は理想性の増加で示されているように、要求される目的に対しての効果とコストとの比較からの判断であると考えられます。

引用・参考文献

1) 川添　悟ほか：磁石複合式シートサスペンションの開発，三菱自動車テクニカルレビュー，三菱自動車（株），No.15 (2003) p.79
2) Tech Optimizer™ Professinnal Edition J

8章

TRIZについての誤解
~知っておきたい正しい認識~

　TRIZを使ってみたが期待したほどではない、新しい発想に役に立たないという声もあります。そして、ウチの開発している商品には使えないと結論づけてしまう場合もあります。そもそも、TRIZに何を期待していたのでしょうか。TRIZとは発想のためのツールであり、そういう意味では、通常の発想法と意味において違いはないはずです。しかし、効果が大きいだけ使いこなせるようになるにはある程度の習熟が必要となるのはどんなツールでも同じことです。
　粘土をこねてろくろを回して形をつくり、窯で焼いて陶器を製作する場合、それによってつくられた陶器の形や色合いが芸術的な価値で評価されるものでは製法の進化は必要とされません。それは、製法がよくなっても陶器のできには影響しないからで、製法に発明などの技術的な進化を求めていないからです。製法よりも芸術的センス、技能が必要であるからです。しかし、そのような技術的な進化の必要のないものは多くはありません。少なくとも発明の対象となる技術分野であれば、技術進化が必要とされないものはありません。従って、TRIZが使えないという結論は簡単にはいえないはずです。TRIZについて、一般に以下に述べるような誤解があります。
　① TRIZを使えば簡単にレベルの高い発明ができる
　TRIZに対する最も大きな誤解は、「TRIZを使えば、一発で簡単に、それまで思いもしなかったすばらしいアイデアが出せる」と思っていることで

す。これは、TRIZ を使って発想するのは自分自身であり、コンピュータが自動的に答を出してくれるわけではないということを忘れていることを示しています。TRIZ は、問題解決の虎の巻ではないし、設計事例集でもありません。コンピュータを用いて TRIZ ソフトに載っている発想ステップをたどれば、誰でも簡単にすばらしい発明ができるなどとは考えないことです。

また同じように、矛盾解決マトリックスで示された発明原理に沿ってアイデアを出せばよいということなのだから、それで考えたのに、発明といえるほどのアイデアが出ないから役に立たないというような誤解もあります。改善する、また悪化するパラメータの組合せも一つだけしか考えずに、そして一つの発明原理から一つだけのアイデアしか出さずに、どうしてそんなレベルの高いアイデアが出せると考えているのかが不思議です。矛盾解決マトリックスは、問題解決に向けて考える方向を間違えないでアイデア出しできる有効なものですが、だからといって、今まで思いもしなかったアイデアが一発で簡単に出せるというツールではありません。

また、発明的問題解決であるからには、これまでどうしても解決できなかった問題に適用して、今まで誰も思いつかなかったような解決アイデアを求めるという試行が行われやすいですが、これも同様に 結局、最後は自分でアイデアを導くことが必要ということを認識すべきです。よい解決案を出せるかどうかは自身の発想レベルによるものです。

TRIZ による問題解決を"あっと驚く"レベルのものとして期待していることが問題なのです。それまでのことをガラッと変えてしまってもよいような最大問題の条件で考えれば、それなりの結果が出る可能性はありますが、その実現には時間が必要です。現実には細かな改良であっても、従来よりも機能やコストで少しでも先にいければよいのですから、TRIZ での解決を最小問題として進めることで一向に構わないと思います。実現の可能性の高い最小問題からのアイデアが重要なのです（最小問題とは、問題の条件を一切変更せずに最小の変更程度で考える解き方。現状から出発し矛盾が解決できた案は実現性・革新性が高い。問題の大きさが最小ということではない）。

扱う問題は、すべて創造的問題であって、相対的な比較で解答の良否を判

断するものです。論理的問題のように、唯一これだけが正しいという答があるわけではないのですから、答として多くのアイデアが出されるわけで、それが重要であり、意義があるということなのです。

　また、TRIZを使って出たアイデアがTRIZを使わなくても時間をかければ出せたと思われるレベルのものであっても、まずはTRIZの使い方に習熟したと考えることです。どんなツールであっても、最初から自由自在に使いこなせるようなものはありません。適切なアドバイスや習熟がなければ、いきなりレベルの高いものを求めても難しいというものは何もTRIZに限りません。それは、何についてもいえます。むしろ、短時間でアイデアが出せたということが十分に価値のあることなのです。

　また、TRIZでも他の発想法と同様に、まずはアイデアの量を求めているのです。それには時間も必要ですが、同じ問題を解決するのにTRIZを使わなかったらどれだけの時間をかけアイデアを出せたか、あるいは解決できたかどうかもわからないわけですから、得られたアイデア、生まれた発明のレベルが最初から高くなければTRIZを使う意味がないとは批判的にすぎるというものです。

　② 多くの事例が示されているが、実際に使えるものがない。事例が古い

　TRIZで大事なことは、示されている事例から自分の問題にどのように類推して発想し適用するかということで、事例をそのまま使うということではありません。しかし、えてして事例を真似してしまうことが多くあります。多くの事例が載っているからといって、いきなりEffectsの事例に飛びつき、そして色々と事例を見て検討したが、結局 使えるものがなかったということになる場合が多いようです。あるいはPredictionを見て、そのものの進化はわかっても自分の分野の問題では考えつかないということもあります。

　TRIZでは原理が載っているだけですから、方法の真似だけをしても実際の問題には適用できません。TRIZで真似するのは、考え方についてなのであって、方法を真似するということではないのです。もう一つ間違ってはいけないのは、TRIZは設計事例集ではないということです。簡単なねじの緩

み止め方法の事例などが紹介されているわけではありません。示された原理を自らの問題に使うのに、どのように類比発想するかが大切なのです。TRIZ を使えるようにするための準備もなしで、いきなり Effects を開いてみても効果的なアイデアは得られません。それは、先の 3-2 節の水力発電機の例で見たとおりです。きちんと問題や機能の定義をする、あるいは機能モデルを作成して着眼すべき問題を明らかにする必要があります。つまり、TRIZ をうまく使うための準備をすることです。

　中には、自分の専門分野での最新事例が載っていないから TRIZ は古いという人もいます。特許からの事例ですから、時間的な遅れはあります。事例として採用するかについてもソフトをつくる側の判断ですから、必ずしも細かなすべての技術について紹介されているわけではありません。新聞に載っていた事例が TRIZ にないとか、自分の知っている新しい技術が載っていないとかいっても仕方のないことです。しかし、それだからといって TRIZ が役に立たないということにはなりません。知っているものは TRIZ を見なくてもよいわけです。それで解決できれば問題ないのです。もっと困難な問題に当たって、ほかの分野の技術を用いて解決することを考えるのなら TRIZ が活用できます。最新事例が載っていないから、また古いので使えないということではありません。TRIZ ソフトにない専門分野の最新事例は自分で追加すればよいわけです。

　確かにバイオ技術やナノの技術など、TRIZ が生まれた次代にはなかった新しい技術が生まれていますが、これらはまだ載っていません。これは今後の課題とされています。

　③ 開発リードタイムと合わない
　単純な改良程度の発明なら TRIZ でなくてもできます。また、TRIZ を使えば即座にアイデアが出せるというものでもありません。新しいアイデアはそれをモノにする、実証するための時間が必要です。商品開発にすぐに採用でき、かつ今までになかったレベルの高いアイデアを簡単に求めるのは不自然というものです。TRIZ は、アイデアの宝捜しをするためのものではありません。新しいアイデアは、それを自社の既知技術とするために先行的に開

発するための時間が必要です。特にレベルの高い解決アイデアはほかの分野の技術を使って問題を解決していることが多いので、それまでと関わりのない分野に立ち入ることが必要となり、すぐに完成できる場合は多くなくなります。ですから、先行的な取組みが必要になります。

　矛盾解決マトリックスは、比較的目の前の問題解決に使うことができますが、ほかのモジュールは問題が出てからTRIZを用いて対策に走るという考え方ではありません。間違っても、きちんと問題の原因を把握して出したアイデアの実現に時間がかかるから、結局、小手先の対策ですましてしまうという本末転倒にはならないようにしないとTRIZの意味がありません。

　リスクを考えると、新しい未知の技術をいきなり商品開発に適用することは少ないはずです。事前に確認できた技術を商品に適用し、その上で商品の特性とマッチングさせて効果を上げるという場合がほとんどでしょうから、そういったステップにおいてはTRIZは十分に適用可能です。

　TRIZを使って1カ月で出せたアイデアは、TRIZを使わなくても、あるいは半年とか1年をかければ出せるかも知れません。だからといって、TRIZは不要ということにはならないはずです。いかに早くアイデアが出せるかが勝負なのです。1日の違いで特許されるかどうかの違いとなるのは昔から知られてきたことです。しかし、得られたアイデアをどのように育てて開発し、うまく実施につなげるかは、本来、TRIZには関係ないことです。

④ 技術進化の法則が適用できない

　TRIZソフトの中に載っているものは、多くの事例から帰納的に導かれたものです。進化の過程として取り上げてあるものは、多くの時間を経て変化していった特許事例を示してくれているものです。しかし、商品に取り入れられて進化していく際には、世の中のニーズや社会環境の変化など、それを必要とする背景があったということを考慮すべきです。技術的なブレークスルー（突破）が得られれば、それだけでシステムとして進化できるというものではありません。TRIZは、次にどのような方向に発展するかを示唆してくれるものです。予測がなければ、目の前のニーズに振り回されて泥縄の進め方しかできなくなります。既に航空機の時代なのに大型戦艦に固執して

「大和」をつくって、全く役に立たないまま沈んでしまったというようなことを繰り返してしまう羽目にならないとも限らないからです。技術システムの進化に示されている共通の傾向を見て、自分の担当する製品に適用するために考え方を真似してTRIZを持ってくるのは難しく感じられる場合が多いです。類比思考が求められます。Predictionには進化の事例が多く掲げられていますから、適用できやすいものもありますが、どうしてもしっくりこなければ、対象の範囲を大きくしたり小さくしてみたりして見直してみることも一つの方法です。また、Altshuller氏が進化の法則として示している八つのパターンは、色々な考えができ、そして発展できますから、無理にでも考えると面白いアイデアが出せる場合もあります。

　しかし、かつてない技術革新の時代に、特許を解析した技術だけからの予測は過去の延長線上に立って未来を考えているのではないか、また今の時代、環境変化も考慮した上での予測を立てることが重要でないかという考えもあるでしょう。そういう考えは否定しません。環境変化がしっかり予測でき、将来のビジョンが描ければよいわけです。シナリオを考え、大きく社会全体としての予測も大切です。しかし、システムを構成している個々のコンポーネント（構成部分）のレベルまでブレークダウンしたときの進化はどのようになるかというレベルまで予測することは難しいでしょう。いくらしっかりとストーリーを立てても、予測には精度があるし、また予測しにくい経済環境の変化などなどを取り入れるとますます予測しにくくなります。将来を見た技術システムの進化を帰納的に示してくれているのはTRIZだけなのです。

　腕時計を例としてみると、最初は動力源としてのぜんまいを手で巻き上げるものでした。毎日、竜頭を巻かないと止まってしまいました。その後、手の動きを利用してぜんまいを巻く自動巻きが出ました。しかし、手で巻くか自動的に巻くかは違っても、作動はぜんまいによる機械式であって、精度としては変わりがありません。それが、やがてクオーツの時代となって大幅に精度が向上し、電池によって動くようになったため、放っておいても動いてくれるようになりました。機械式の時代には、使っている石の数が摩耗によ

る寿命を解決して、長期間の精度を保証する一つの目安でしたが、これが全く関係なくなりました。また、電池に替えてソーラーバッテリを使うものも出ました。さらに、腕の動きや体温で発電するものもあります。そして、それら発電方式の変遷を経て出てきたのが電波時計です。時計の中のアンテナで電波を受信して毎日補正してくれるため、時刻の狂いはほとんどありません。ソーラーを用いているので、電池交換も何もしないで動いてくれます。全くの放ったらかしですみます。このように、腕時計は進化の過程がよくわかるものですが、しかし進化していくためには周辺の技術の進歩があってできているということもよくわかります。機械式からいきなり電波時計への進化はあり得ないわけです。クオーツが実用になってから、さらにそれ以上の正確な時刻を得るために、上位のシステムとして将来の時計の進化を考えたストーリーとして電波を用いるというシステムが出たものだと考えます。それは、従来の技術をベースに成り立っているものです。システムが複雑で高度になってくると、それがいつ実現できるかは予測しにくくなります。しかし、技術的に見た進化の方向は、ここでもみて取れるものだということができます。

　一般的な技術進化の考え方に、これまで「技術プッシュ説」と「需要プル説」とがあります。いずれも支持を得ている考え方です。技術プッシュ説とは、技術開発の結果によって、それが製品に応用されることで既存技術とのギャップを生じ、それがさらに進化を促すというものです。一方、需要プル説では、市場の要求が新技術の創出を促すというものです。必要は発明の母であるという考えとも一致します。

　これを腕時計の例でみます。時計は、より正確な時刻を示すことが求められます。時計としての基本機能です。メカニカルなムーブメントの時代では日差±2秒の保証精度でした。それがクオーツでは年差±10秒と飛躍的に向上しました。電池寿命も3年です。ところが、ソーラー電波時計では精度が説明書の性能仕様欄に書かれていません（使用者の一生の間に問題となるほどの誤差を生じないため、謳わなくてもよいのです）。二次電池の寿命も交換なしと書いてあるだけです。電波送信所から送られた標準電波を受信

し、時刻、日付を自動修正して正しい時刻を表示するため、精度を謳う必要がなくなったということです。また、ソーラーセルによって発電するので、光があれば時計として止まりません。そして狂わないので全く何もしなくてよいという機能として究極のレベルです。腕時計は、これまでも防水機能や耐振機能、ストップウォッチ機能などに加えて、肌への配慮からチタンとか、またかつては金張りなどもありました。補助機能や二次機能です。それらの進化を考えると、技術プッシュ、需要プルのいずれの説もあります。しかし、TRIZの進化の法則ではこれらの説を包含して説明できるものとなっているわけです。基本機能だけの進化といっているわけではありません。

　進化を必要とする時期、新しい技術で替わる時期はTRIZで示されるものではありません。また、来年の流行がどのようなものになるか、TRIZでわかるわけでもありません。さらに、TRIZがマーケティングに使えるとは考えられません。そのような目的のものではないからです。TRIZは、長期的な技術の進化していく方向を示しているものであって、短期的な変化を予測するものではないからです。TRIZは特許を分析した上での技術進化をベースとしているのであって、示されているのは基本となる進化の考え方であるということを忘れないようにしたいと思います。

　⑤　ブレーンストーミングなど従来の発想法は不要

　科学的・理論的なTRIZを使えば、従来の発想法とは比較にならないほど効果的なアイデアが出せます。そのため、確実な効果を期待しにくいブレーンストーミング（創造的集団思考）を初めとする従来の発想法は、TRIZを用いることによって忘れてもよい、また従来の発想法は不要であるというような理解があります。

　「平均的な技術者が優れた発明をすることができる」ための方法であるのがTRIZです。しかし、だからといってブレーンストーミングなどが全く不要かというと、そういうことではないと思います。TRIZを用いてのアイデア出しに、1人よりは2人、2人よりは3人と、より多くの人が参加した方がよりよいアイデアが出せることは明らかです。誰でも全く同じ類比思考になるとは考えられないからです。ソフトに示された事例からどのように発想

するかは個々で異なります。分野の異なる人の組合せであれば、なおさら出てくるアイデアの違いに期待できます。TRIZを用いれば誰も出せなかったようなアイデアが楽に出せるという考えではありません。実際、TRIZも従来の創造技法を全く否定しているわけではありません。現代のイノベーション（技術革新）は個人だけの知からは生まれません。1人の天才でなく、組織の知によってこそ、複雑で高度なイノベーションが生まれるのだといわれています。

　見方によっては、TRIZも管理技術の一つであるので、実際に効果的なアイデアを出すためには色々な固有技術が必要です。また、ブレーンストーミングができるような創造的な雰囲気を持った職場で、お互いに触発し合えるような環境であると、TRIZも効果的に活用できるものであるといえます。日常的に隣の席の人とも電子メールでしか話さないというのでなく、必要なときに寄り合ってお互いが触発し合うことでアイデアを出し合うことが大事です。そのためにもブレーンストーミングができる雰囲気は、お互いがギブアンドテークできるという意味からも必要なことです。

　TRIZであってもアイデアの量を重視します。これまでも述べてきているように、TRIZを使えば一発で従来にないアイデアが得られるということではないからです。発明のレベルは、アイデアの量に比例するということは前述しました。そのためには、必要なときに相談に乗ってもらえるような風土が必要です。人によって見方が異なることから、出てくるアイデアが違ってきます。TRIZを使えば、いきなり質のよい、レベルの高いアイデアが出せるということではありませんが、確実に解決に向かうアイデアとしてつながっているものだという実感ができるのが何より心強いものです。

　次の章の知識創造のところでナレッジコミュニティー（ビジネスの中で得た知識や気づきを同じ問題意識を持つ仲間との間で深めたり形にしていく場）について述べますが、職場は、最も身近なナレッジコミュニティーであって、顔を見合わせて情報が交換できるところです。フェイス・ツー・フェイスは、最も効果的な知識獲得の方法です。

　しかし、ノウハウや情報がお互いに交換できているかというと、現実には、

- 個人のノウハウやアイデアを公開しても得にならない（出す方）
- 他人のアイデアをそのままでは受け入れたくない（受ける方）
- 積極的に仕組みでアイデアがレベルアップできると思わない（管理者）
- 得られた結果がよければそれでよい（評価、価値観）
- 組織をまたいで公的に協力しにくい（制度）

といった問題もあります。グループウェア（グループなどの仲間で使用するソフトウェア）をナレッジ共通ツールとして共同作業を支援することで効率的な推進が可能となるという考え方もありますが、情報の共有化が、すなわちナレッジマネジメント（情報を知識のレベルにまで精錬し、これをデータベース化して活用し、新たな知識を創造する方法論）であるとは早計すぎるようです。社内イントラネットを整備して、知りたいことをネット上で質問すれば、それに対して答が得られるようにするシステムを構築することが簡単にナレッジマネジメントであるとは考えられないわけです。それで失敗している多くの例があるようです。風土のないところには、どのような立派なツールを用意しても組織としての活用には至らないわけです。

9章
さらなるTRIZの活用に向けて

9-1 知識創造とは
～知識創造の3点セットはTRIZだけ～

　発想は基本的に個人によるものです。周りにどんな有用な情報があったとしても、発想によってそれを新しい発明に結びつけるのは個人です。従って、よく特許明細書の発明者欄に何人もが連名で書かれているのはおかしい、発明者は1人であるべきといわれます。しかし、通常は周りの協力者のお陰で発明できていると考えた方が自然です。青色発光ダイオードを発明した中村修二教授のような会社の中にありながら独自に開発に取り組んだ例というのは例外中の例外である特異な例であって、通常は、発明は与えられた業務を進める中から生まれます。アイデアとして出した瞬間は、あるいは会社の外にいたときであったとしても、組織の多くの人の知識やアイデアを借りたり、参考にしている場合が多いわけで、自由発明といえるような何から何まで全く個人で発明したものは多くないはずです。
　問題意識を持ち、情報を知識として頭の中にインプットしておくことで、それらを組み合わせて、あるとき新しいアイデアが発想できたのは発明者という個人だということは認めるにしても、そのために情報提供など協力した人については貢献が全く考慮されず、アイデアを出した人だけが認められ

て、一緒に発想を育てた人は発明に貢献した者でないというのには抵抗があります。与えられたものか自分で集めたかは別にして、その組織にいたことによって必要な情報を得られたからこそ発想につながったのだということが前提として考慮されるべきです。

情報とは目的達成に役立つ知識である[1]が、情報と知識は両方とも、特定の文脈（コンテキスト）やある関係においてのみ意味を持ちます。すなわち、それらの意味は状況に依存し、人びとの社会的相互作用によってダイナミックにつくられる[2]ともいわれます。多くの情報から役に立つと思われる情報を選択して知識として使えるようにしているわけです。そして、知識がどうやってつくられるかについて、形式知と暗黙知の二つに分類した上で、知識変換モードと呼ばれる四つの過程を経て知識スパイラルとして上昇・拡大していくとされている考え方があります。

言葉を使わなくても、人は共体験によって他人の持つ暗黙知を獲得できます。これを共同化と呼び、プロジェクトメンバーのメンタルモデル（頭の中で描いている像・形）を同じ方向に向けます。そして、表出化によって、考えたこと、イメージしたことを言葉や図で表して伝えます。具体的でなくても、暗黙知を引き出すということは大切な知識創造の鍵であるとされています。そして、異なる形式知の組合せによって新しい形式知をつくり出す連結化と呼ばれる過程では、他人からの形式知である情報を組み合わせて新しく整理・分類して組み換えることによって行われ、内面化という形式知から暗黙知へ体化するプロセスによって個人にノウハウなどの知識として蓄積され

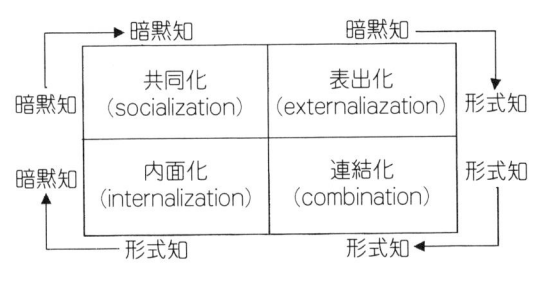

	暗黙知	暗黙知	
暗黙知	共同化 (socialization)	表出化 (externaliazation)	形式知
暗黙知	内面化 (internalization)	連結化 (combination)	形式知
	形式知	形式知	

図9-1　知識変換モード[3]

るというものです。このような共同化、表出化、連結化、内面化という四つのフェーズ（局面）によって知識創造の過程を表すSECI（セキ）モデルと呼ばれる考え方が示されています。図9-1に示すこのモデルは、2人以上の人間で社会的に知をつくるという話で、個人の知を組織の知へと変換するものとして示されているものですが、個人知の創造にも当てはまるものです[3]。組織知によって個人知が拡大することは通常のことであるからです。

　この四つの知識変換モードを通じて個人知が組織的に増幅され、より高いレベルで組織知として形式知にされ、それによって個人の暗黙知が高まっていく知識スパイラルがつくられます。だから、発明は個人によるものであるといわれますが、ほとんどの場合は個人だけでは得られない組織知の活用があればこそなせるものだといえるのです。

　特に外国と異なり、日本の場合には暗黙知が重視されるといわれます。それぞれの分野で飛び抜けた力を持ち、どこの会社ででも活躍できるようなプロと呼ばれる人が少なく、社内の情報を以心伝心的にお互いの考えを汲み取って集団として力を発揮してきたわけです。だから、そう考えると発明は個人によるものだというものの、必ずしも個人だけの発明とはいえず、皆で考えたから発明ができた、たまたま発明者となっている人が思いついたに過ぎないといえるような場合も多いのです。

　昔から、「籠に乗る人担ぐ人、そのまた草鞋を作る人」という諺があります。様々な境遇の人の色々なつながりによって世の中は成り立っているということです。どんな立派な発明でも、従来からの技術を参考にして、その上で自分なりのアイデアを織り込んだものです。まして、企業の技術者による発明は、その仕事をさせてもらったから、そして周りのメンバーがいたからこそできたということは明らかです。発明者だけで1人でできた発明は多くの場合ないはずです。これは、日本人の知の方法として、自分に反応する相手の態度やものの見方を取り入れて、自分を認識し、育てるという相互作用主義であるからで、「他者がいるから自分が認識でき、他者は関係ない、我あるのみ」という欧米の考え方とは異なるものであるといわれているものです[4]。

9-1 知識創造とは

　では、TRIZによる問題解決が知識変換モードに当てはまるかについて考えてみます。まず共同化です。これは、TRIZに限らずどんな場合にも問題の状況を知るために見たり聞いたりすることです。いわゆる情報収集で、自らの経験や知識に照らして理解し、暗黙知を増やすわけです。

　表出化は、暗黙知の表出、言語化による問題の表現であって、機能モデルをつくるとか、Principlesで改善したいパラメータ、悪化するパラメータを抽出するというような段階です。物質-場モデルで表すことなども表出化です。

　連結化では、TRIZデータベースを活用して発明原理から解決案を見つけたり、問題解決ステップに従ってほかの事例から示唆を得てアイデア出しをします。新しく場を加えたり場を変えてみたりとか、形式知を結合し、思索をめぐらせる状態です。そこでは、暗黙知の表出、連結化が繰り返される場合もあります。

　そして内面化です。これは、得られたアイデアをシミュレーションや実験によって確認したり、専門家の意見を得たりして行動によって学習して、問題解決できたかどうか納得できるまでの検討です。それによって形式知を体化していきます。そして、得た知識をほかの事例への適用・展開を図ります。一般に、内面化の場面は、よくいわれる"いかに自分のものにするか"という個人によるところが大きいわけです。

　こうしてみると、TRIZでは表出化・連結化に効果を発揮します。繰り返すことによってアイデアレベルがスパイラルアップしていけるということです。昔から、すばらしい発明につながるような発想に際しては、解決アイデアに行き詰まって何日間も考え続けて、気分転換に出かけたときに何気ない出来事からふとアイデアが思い浮かんだという例が多く示されています。考え続けることの重要性があるわけですが、そのための時間を最小とするためのものがTRIZであるといえます。このように発想に向けて形式知を使いやすくまとめてくれ、また使い方まで教えてくれているものがTRIZであるというわけです。TRIZのソフトに収められた膨大なデータベースは、組織知としてのどんな企業の技術事例を持ってしてもかなうものではありませ

ん。あらゆる分野の特許を分類することでしかなし得ないものです。それに加えて、問題解決のための思考手順の各ステップでの考え方までも備えています。知識データベースを持ち、問題解決プロセスを示し、テクニックまでもガイドしてくれている、まさに情報と思考プロセス、テクニックの３点セットを備えているものは TRIZ 以外にないのです。

知識創造に向けて、① 固定的考えに偏らないで、② 系統的・方向性のある探索で、③ 発想の転換を可能とする最も効率的なものが TRIZ なのです。

9-2 知識創造の進化
〜知のスパイラルアップを可能にするTRIZ〜

これまでも技術標準などの形で、個人では一生かかっても経験できないような内容をまとめて開発に役立てているものがあります。多くは、間違いのない設計を行うための横並び比較で、その中からこの範囲で設計すれば間違いないという指針を与えているものです。これも、一種のナレッジマネジメントという見方もできます。しかし、知識の獲得、活用、保持に関する組織的施策のうち、ナレッジマネジメントは特に創造に重点が置かれるものです。だから技術標準の強化が、ナレッジマネジメントであるかというと、それには創造がなされているようになっていないわけです。

かつて自動車の F1 レースでは、情報はすべてドライバーが握っていました。レースではサーキットによってスピードが出るコースとかコーナリングでの速さが求められるコースとか、それぞれ異なるサーキットの特性に合わせてマシンの仕様を決めていく作業が必要ですが、セッティングの良し悪しはドライバーの感覚によるものでした。ドライバーの主観によって仕様が決定されるので、エンジニアにとっては、その仕様が最良の組合せかどうかがわかりませんでした。マシンの良し悪しが判断できるのは、ハンドルを握るドライバーしかいないからです。ドライバーからマシンの挙動や要望を告げられ、その原因を予想して改良を考えるというやり方でした。レースを転戦する限られた時間の中で、色々な組合せからコースに合わせた最良の仕様を

9-2 知識創造の進化 153

見つけ出さなければなりません。その仕様で、どの程度よくなったか、本当に速くなったかは、ドライバーの判断によるものです。そのようにして仕様を詰めていっていました。

　しかし、「速いドライバー＝仕様の詰めのうまいドライバー」とは限らないわけです。レースでのここ一番の速さを出す能力と、仕様を詰めて戦闘力のあるマシンの開発ができる能力の双方を備えたドライバーは少ないのです。しかも、レースまでの限られた時間の中ですべての組合せをテストできるわけではありません。詰めがうまく進まないときに、色々調整していったら、結局 最初の仕様に戻ってしまったということもあります。このように、短期間で競争力の高いマシンにするためには、ドライバーの感覚だけを頼りにトライアンドエラーで進めるのは効率的ではありません。また、そのような従来と同じやり方では、短期間で戦闘力のあるマシンの開発はできません。

　そのような非効率さから抜け出すために、何とか正確な情報を得たいと考え、そこにテレメータシステムを導入しました。センサによって車両の情報を検出し、無線で離れた場所のコンピュータに取り込むようにしたものです。これによって、ピットに居ながらドライバーの運転の仕方からマシンの瞬間の挙動までもがすべて解明されるようになったのです。例えば、どこそこのコーナを曲がる際に、減速はどこで開始し、加速はどの時点で始めているか、ギヤは何速で、エンジンは何回転で、スロットルはどのくらい開けているか、またそのときのオイル温度は、冷却水温はなどなど、あらゆるデータが過渡状態も含めて得られるようになり、チーム全員で情報が共有できるようになりました。その結果、ドライバーの主観や意見、感覚だけに頼ることなく、エンジニアを含めて問題についての議論ができるようになりました。それらの情報が、技術として蓄積がされていくことでベストの対策が取れるようになったわけです。それにより、マシン開発に飛躍的な進化が見られました。

　ドライバーの暗黙知だったものをコンピュータがデータを処理してグラフなどで可視化することで形式知に表出化できるようになり、これに基づいて議論、討議が可能になって新しい知識が連結化されます。そして、シミュ

154　9章　さらなるTRIZの活用に向けて

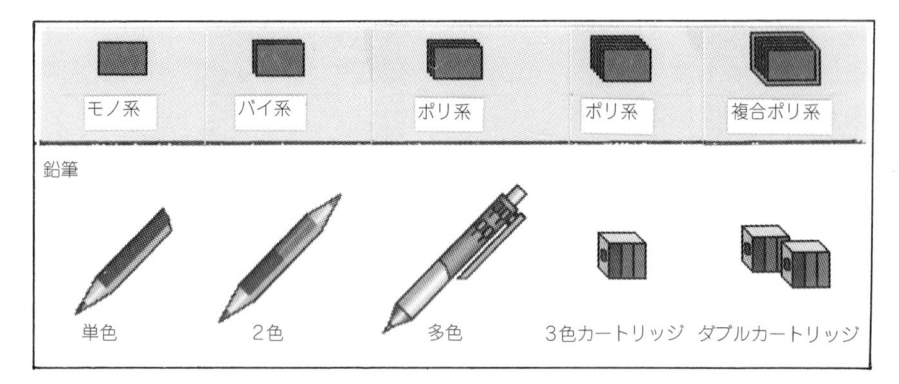

モノ系	バイ系	ポリ系	ポリ系	複合ポリ系
鉛筆				
単色	2色	多色	3色カートリッジ	ダブルカートリッジ

図9-2　モノ-バイ-ポリ（類似物体）[5]

レーションや試作によっての確認が暗黙知としてエンジニアに内面化されます。そして、さらなる改良に対して、新しい情報を収集して共同化のレベルを高めて、アイデアを言語で表出化して説明したり、図などで形式知化してメンバーの理解を高めたり、助言を得てスパイラルアップがなされるわけです。このように、知識変換モードによる知識創造のスパイラルアップが成り立ちます。

　このシステムの進化をTRIZで考えた場合、上位システムへの移行の法則として捉えられます。技術システムは併合し、二重システムおよび多重システムを形成するという進化の仕方として見ることができます。図9-2に示されるものです[5]。

　これは、テレビを例としてその進化を考えたものと同じものであると考えられます。テレビ＋VTR＋ビデオカメラ、テレビ＋新聞、テレビ＋電話、テレビ＋情報センターなど、テレビが他の情報システムと組み合わされて、ホームコンピュータやインターネットと同時に発達していくと予見されている事例[6]と同様の進化と考えられます。車両の情報を得るために加えた新しい情報システムによってピットから運転しているドライバーへも指示が出せるような「車両＋情報」の双方向に交信可能な新たなシステムが生まれてきたわけで、結果的に知識変換モードがより効率的にスパイラルアップされることになったと考えられます。これは、実際に街を走る一般の自動車がコン

ピュータを備えるようになり、双方向の通信が可能なシステムが搭載されて、レストランや映画館などの情報が車の中で得られるという現実の状況で証明されています。単に、知識創造モードを繰り返すだけではスパイラルアップとはいえないわけです。このように、TRIZによる進化を考慮することで、次代を見た考え方として先行できるわけです。

9-3　TRIZとナレッジマネジメント
～知の進化・創造が示されている～

　単に、資料やマニュアルを一カ所に集めただけでは、それを活用して発想につなげることはできません。整理することではなく、必要なナレッジ（知識）が必要なときに必要な場所ですぐ入手できるようにするためには、IT（Infomation Technology：情報技術）化によるナレッジデータベースの構築が必要であると考えられています。フェイス・ツー・フェイスによる人と人との交流から、イントラネットなどのコンピュータネットワークによる人と情報との交流がナレッジのスパイラルアップとして役立つようなものになることです。そのため、ナレッジデータベースの整備が必要となるわけですが、それにはデータベースによって新たなナレッジの獲得に効果があることが求められます。

　そもそも、知をマネジメントすることと知を創造することとは異なるわけです。表出化された知識をデータベース化し、それによって知識の共有化を図ることは可能ですが、蓄積された知識を活用すればそれで知を創造できたということにはならないのです。

　その点、TRIZソフトのEffectsにはキーワード検索が可能となっているため、機能による検索に頼らなくても素早い情報獲得が可能となっています。例えば遠心力で検索すると、遠心力に関する原理や事例が一瞬のうちに出てくるので、遠心力に関する情報を極めて簡単に芋づる式に収集することが可能です。問題意識を持ってこの情報を見ていくと、単なる情報でなくナレッジとして理解されていきます。このように、単なるデータベースでな

く、いつでも必要な情報が引き出せて、新たな発見を与えてくれるものがTRIZです。

　以心伝心型のオフィスコミュニティーは、個人としての成果を強調する評価制度や業務の低級化によりベテランの能力に見合った価値のある仕事がないなど、経験による暗黙知を主とした従来のコミュニティーとしての機能によりIT時代に合わないものとして崩壊しつつあるといわれています。そしてさらに、過度のリストラなど人材の流動化によってベテランの持つ伝統的な技（技能）やノウハウが消え去るコーポレートアルツハイマー状態（長い期間をかけて個人が有していた優れたノウハウや知識が引き継がれないまま、その人の退職とともに会社から消えてなくなり、組織のIQが下がってしまった状態）にあるといわれています。

　時間をかけて築いてきたものが一瞬にして消え去ってしまうわけです。そのような直面する課題解決のためには、ナレッジワーカー（知識労働者。この場合は、知識を武器にする研究・開発者など）の育成が必須であるとされています。育成にはコンピテンシーモデル（高業績者の思考特性や行動特性を数値化した理想像）による共体験を通じた育成が一般に有効だとされていますが、それだけでなく、飛び抜けて豊かな発想のできるアイデアジェネレーターの育成も必要であるとされています。職場にはアイデアジェネレーター（IG）、アイデアキラー（IK）、そしてアイデアプロモーター（IP）の3種類の人が存在し、IGが新しい開発アイデアを出し、IPがそれを促進し、IKが抑制するというように、3者のバランスによって開発が行われる必要があるという見方があります。今日のように、次々と新たな対応が求められる状況にあってはIGが必要とされていますが、異質の資質のある人材をIGとして育成するためには、圧倒的に多いIKの前に埋もれさせることなく育成することが大切で、そのためにマネージャーとしてのIPの育成が必要であるといわれています[7]。しかし、創造性やひらめきは個人の資質によるものとされ、IGをどのように具体的に育成するかは、従来はあまり述べられていませんでした。

　これに対し、少なくとも技術分野に関してはTRIZがIG育成の強力な

ツールとなることは明らかです。コンピテンシーモデルによって成功を体験するだけでなく、TRIZ によって SECI モデルのサイクルを体験することです。それは、TRIZ が単なるマニュアルでなく形式知が保管されたナレッジデータベース（形式知が保管されているナレッジの保管庫のこと）としての機能と、必要な情報がいつでも得られるナレッジコミュニティーの機能とを備えたナレッジツールであって、単なるマネジメントツールではないからです。それは、固有技術を引き出し、固有技術を活用し、固有技術のレベルアップを図るものであるからです。

　研究開発能力とは、「研究者の潜在能力」×「その能力を引き出して企業価値に転換する能力」で表されます[8]。TRIZ は、能力を引き出して企業価値に転換するナレッジマネジメントのためのツールとして従来にないものといえます。

9-4　経験価値とTRIZ
～経験価値達成アイデアも出せる～

　気分的な価値とでもいうべき感動、心地よさ、またそこでしか得られない雰囲気、あるいは記憶に残る思い出などのために、高価でもそれを受け入れて対価を払うという消費者行動は、一人十色といわれるニーズの捉えにくい時代の消費者に対して、意味のあるものを提供できる経験価値という新たな見方として注目されています。

　何かを経験するためにお金を払うことは従来も当たり前のこととして行われてきていたし、経験はどこにでも存在しているものです。経験は、従来は、サービスなどとともに無償であったものですが、新たに経験を経済価値として捉えることで、ほかのものとの差別化を図ろうとする概念です。機能や価格での競争でなく、人の感情に働きかけてそれによる経験を得るための商品やサービスであるとする考え方です。

　経験とはなつかしかった過去の体験や思い出による経験だけでなく、今感じていることを指すものとされています。そして、人間の五感に働きかけた

経験がより高い満足を与るものです。例えば、仕出し弁当であったとしても、一流ホテルで出され、照明や音楽、立派な部屋やそこにある設備、高価そうな調度品、少し待たされる間の気配り、そして運んでくる人の服装やものごしなど、お客に対する配慮としてのもてなしによって得られる感覚の非日常さに満足すれば、弁当としての値段は高くても満足してもらえるものになるわけです。そして、また再び来て食べたいという気持ちを持ってもらえます。それは、食べて美味しかったという単なる経験とは違うものです。

　逆に、同じ仕出し弁当を会議室で食べた場合、弁当を載せた会議机や部屋からは会議の延長にある殺風景な雰囲気しか感じられないもので、そこからは単に弁当を食べるという作業をするだけのものでしかなく、空腹を満たすために食べたというだけの経験をしたに過ぎないものになるわけです。結果として、味と値段を比べるだけの評価となり、もう一度積極的に食べたいとは思わなくなります。食べるものは同じであっても、このようなプラスとマイナスの経験が生まれるということになります。

　このように、経験という付加価値は製品と人間との間の相互作用によるもので、個人個人で受取り方が違うことから、同様の経験をしたとしても評価の程度が異なってきます。また、一度よい経験を味わい、もう一度それを求めたとき、初めのものと同様の満足を与えられなければ、折角のプラスの経験も次にはプラスの経験とならなくなります。常に新鮮な経験、新たな感動を持ってもらえることが求められます。例えば、老舗旅館における、ホテルとは異なる女将の細やかな気配りや人との触れあいは、いつも変わらぬ満足と新しい感動を与えてくれるものとして人を惹きつけるものであるようです。

　ですから、価格も経験価値を高める重要な要素となり、提供される経験に見合わないような低価格では経験の価値を感じないし、非日常をテーマとしている場合には低価格からは経験価値は得られないわけです。かといって、あまりに高価格では対象となる顧客が限定されてしまう、いわゆるマニアだけの世界ということになります。

　競合に対しては、それよりも高い満足を得られる経験をお客に与え続る

ことが求められます。サービスであれば、画一的なマニュアル化されたものを求めないお客に対応するために、従業員一人一人に対して、非日常的経験を与えるための教育が継続して求められるでしょうし、製品であれば、経験として認めてもらえる効果的な違いを与え続けていくことが必要となります。ほかでは得られない満足を出せなければ経験価値としての競争になりません。

　経験価値で大切なことは、サービスにしても製品にしても言い訳があってはならないということです。ある経験のために、ほかの何かを我慢してもらうというようなことは、高い満足を与えられるものとはなり得ません。ですから、サービスにしても製品にしても新たな経験のための改良を考えたとき、相反する要求は必ず発生します。それを解決しないと経験価値といえないわけです。そうすると、そこに TRIZ が使えるということになります。経験価値では、機能を不要といっているわけではありません。経験価値として対象とする機能は魅力的品質であって、それを高めることが求められます。一方、他の機能は当たり前品質と同様の考え方で、高くても評価されることはないが、低くては価値が全くないわけです。同等以上の他の機能を備えていればこその経験価値なのです。

　TRIZ は、直接に経験価値項目を創出したりニーズ項目を選んだりするものではありません。それには、ほかの手法が適しています。TRIZ は、そこから得られた要求項目をどのように達成するかを従来の中から考えたときに、トレードオフ（二律背反関係）になってしまうものをどのように両立できるように問題解決するかといった、そのためのアイデア出しのために使えるものです。経験で考えたときに何を重点とするかを決めたら、それを達成するためにほかのものを犠牲にしてはならないのです。このように経験価値を考えると、技術問題との違いは問題の視点が経験か問題解決かということだけだと認識できますから、TRIZ は従来の問題解決の場合と同様に問題なく適用できるものです。

　表 9-1 は、会議室で食べる仕出し弁当によって経験価値を認めてもらうために弁当業者の立場で考えたものの一部です。ターゲットシーンを、会議

表9-1　経験価値達成アイデア

NO.	経験シーン	Doニーズ	改善したい特性	劣化する特性	発明原理	改良アイデア
1	会議に参加したメンバーから「食べるものがない」といわれる.聞けば糖尿が心配であるという	個人ごとの嗜好や体の状態に合ったものを食べたい	31悪い副作用	39生産性	22災い転じて福となすの原理　35パラメータ変更原理　18機械的振動原理　39不活性雰囲気利用原理	カロリーと栄養を明記し,糖尿でもOKとする　少量で満腹感の得られる料理法にする　レンジ加熱して美味しく食べられる内容にする　レトルトにして少ない需要に対応可能とする

　メンバーの中にカロリーを制限されている人がいて、出された弁当の内容に不満を抱いている場面としました。シーンとニーズを技術的特性のパラメータで置き換えることによって矛盾解決マトリックスが適用できます。ここでは、女性やカロリーを気にする人を対象としていますが、ターゲットと考えるユーザーに共通の志向や嗜好があるはずと考えて、ターゲットユーザーの価値観からターゲットシーンを推測しています。

　このように、矛盾解決マトリックスを用いて得られた発明原理から、「栄養士に協力してもらい、糖尿が心配な人にも食べてもらえるカロリーと栄養に配慮した材料にする。また、決して量的にも不満を抱くことのない調理法、つまりレトルトなどの下処理によって少量でも対応可能とする」という弁当業者の立場からのアイデアが得られます。それは、弁当業者の立場で考えたとき、もう一度 あのときの弁当を食べたいと思わせるような経験をどのようにしてもらうか、また弁当そのものに加えて、感動を与えられるものをどのように加えるかについてのアイデアとなります。そして、次の段階でどんな材料や内容にするか、どんな調理法にするかということになりますが、これは料理に関する固有技術になります。その問題解決には、TRIZが適用できます。

9-5 開発システムにおけるTRIZ
～開発フローでのTRIZの位置づけ～

　TRIZは、問題解決手法として従来にない有効な手法です。技術者にとって、固有技術を活用してそれを高め得る手法というのはTRIZ以外にありません。発想力を高めて問題解決が確かにできたと感じられるものはTRIZだけです。このようなTRIZを開発の中でどのように使っていけば最も効率的かということを考えてみます。

　一般的に、どのような開発であっても、狙いどころをどのように設定するか、それをいつまでに、どのレベルまで達成するかが設定されますが、それについては今までにも有効な手法が開発されてきています。

　お客がニーズと感じていることは何か、それを達成する機能の品質特性との関連はどうか、セールスポイントとして重点とするのは何かを関連づけて狙いどころを設定するのに品質表があります。それは、開発・設計の源流からの商品開発におけるすべてのプロセスで品質を確保するための具体的方法として有効なものです。特に、市場投入の時間の短縮と生産効率の向上を目的としたコンカレントエンジニアリング（プロジェクトマネジメントにおける協調工学）が採用され、フロントローディングと称して開発の前段階での問題抽出と対策により生産準備を安定させて、生産初期から品質が確保されるものとする源流管理は、何を保証すべきかの設計的アプローチに不可欠なものです。そのため、ユーザーの要求を設計品質に転換し、サブシステム-構成部品-部品-工程の諸要素に展開していく品質機能展開が、設計意思の後工程への確実な伝達手法としても広く用いられています。その手法は、最近では経験価値創造に向けて顧客価値創出についても改良が加えられて発展しているものです。

　また、アメリカで田口メソッドと呼ばれる品質工学は、構成する部品の精度を必要以上に上げることなく、ノイズと呼ばれる様々な誤差原因の影響を受けにくい設計仕様を決定するためのパラメータ設計として広く取り入れら

れるようになっています。信号の明瞭さの程度を表す S/N 比を用いた出力の評価は、機能安定性の評価尺度として感覚的な特性でしかなかった製品の特性が数量的に示されるようになり、効率的な改善が図れるようになった世界に知れわたる画期的な手法です。

このように、品質機能展開で競争力の得られるコンセプトを明確にして、それによって出された設計仕様を安定して達成するための決定に品質工学が活用できるわけです。しかし、その中間であるどのようなシステムでコンセプトを達成するかについての、まさに開発・設計にとって最も必要な手法がこれまでなかったわけです。狙いどころを決めても、従来の仕様を踏襲し、そこに改善を図っても、それが妥協にしか過ぎないものであれば、得られる効果は見えています。開発者にとっては、競合に勝てるシステムをどうすれば開発できるか、そのためにはどうすれば効果的な新しいアイデアが得られるか、そのための管理技術がまさに必要とされているわけです。1章の冒頭の低コストを達成するアイデアなど、従来の手法では得られるものではありません。機能を下げずにコストを下げるのは矛盾にほかならないわけです。

そのような状況において、技術的な問題に対して解決の着眼点を示し、機能からの事例を示してくれ、将来の進化方向までも示してくれるTRIZはうってつけの手法なのです。ですから、図9-3のように開発の流れから見て、品質機能展開-TRIZ-品質工学を3点セットとして用いることが、現在考え得る最も効果的な開発手順であるということになります。狙いの方向に沿った最も効果的な技術達成アイデアがTRIZで得られます。従って、競合に先行した開発ができるための手法がTRIZであるといえます。また、開発者の

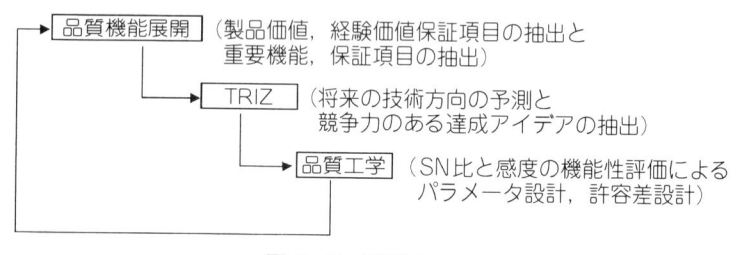

```
┌→ 品質機能展開 （製品価値，経験価値保証項目の抽出と
│              重要機能，保証項目の抽出）
│      └→ TRIZ （将来の技術方向の予測と
│                競争力のある達成アイデアの抽出）
│              └→ 品質工学 （SN比と感度の機能性評価による
│                          パラメータ設計，許容差設計）
└──────────────────────┘
```

図9-3 開発フロー

思考を広げ固有技術を高めるものでもあります。有効な活用が切望されます。

9-6 開発が促進できる組織
～TRIZを活用できる組織は～

　企業の永続的な成長には、独自の技術に支えられた強い商品を持つことが重要であるのは今さらながら当然のことであります。これからの企業の評価は、売上げ規模や利益でなく、知的存在感の大きさであるといわれています。そのような中では、「知」を重要資源と捉える経営がますます重要となります。それには、開発ができる組織であること、あるいはマネジメントの能力があることが求められます。

　基本的なこととして、商品開発と技術開発とを一緒にしないことです。特に、技術開発を商品開発の下に位置づけることは絶対に避けるべきことです。

　商品開発は、「今日」の市場での戦いです。企画目標どおりの商品を日程どおりに市場に送り出し、経営目標の達成に貢献することです。もちろん、問題発生などの危機に対しては即座に対処しなければならなりません。一方、新しい技術の開発は、「明日」の戦いを有利にするためのもので、前例がなく、成功することが保証されるものではありません。必ず成功するのであれば、先行して開発するための人や金といった資源は要りません。新しいものであるからこそ失敗のリスクを負っているわけです。しかも、リスクの克服が大きなリターンにつながると考えるからこそ、特別に担当者を置くわけなのです。技術開発は、赤ん坊を育てていくのと同じで、時間と手間がかかるわけです。

　ですから、既存の商品開発と同じ見方でいたのでは、とても新たな技術開発はできないわけです。商品開発では、技術開発に対して必要な期間、費用などについて理解できないし、そもそも関わっている余裕もないのが本音です。新しい技術開発には、意識的にモチベーション（行動を駆り立てる動機

づけ）を高めるマネジメントが必要ですが、片手間あるいは商品開発のオマケの扱いでは、どんな技術者もやる気をなくします。そのようなやり方では決して満足な成果は出ません。挑戦する風土には、専門組織として技術開発に当たらせることが最低限求められます。

　TRIZでは、先を見たテーマが設定できますから、可能であれば技術開発を二つのチームに分けて、片方を次の技術開発に取り組ませ、他方はさらにその次を見た技術開発に当たらせるという方法もあります。お互いに競い合うことで競争力のある商品を絶え間なく出していくという狙いです。

　それには、どのように技術の先行的な取組みを考えるかがトップの意思ということになります。先を見た開発には、1-4節で実行よりもアイデアが重視されるべきと述べたように、まさにどのように先を見るかが責任ある人に求められているといえます。担当者が機械式の時計の時代に電波時計のアイデアを出しても、誰もまともには聞いてくれません。「そんなこと考えても仕方のないことだ。真面目に仕事しろ」と叱責を買うだけです。しかし、責任ある立場の人はクオーツの時代を予測し、開発に着手させることが求められます。そのような将来の予測と対応をいかに先にしておくかで数年先の状況がまるで違ってくるということが考えられます。商品開発にはユーザーの声を聞いた間違いのない目標設定が必要ですが、将来の技術開発には進化の予測が不可欠です。上の立場の人ほどアイデアゼネレーターであるべきであるし、技術の進化を予測したアイデアプロモーターでなければならないわけです。単に器とか人間性とかでなく、TRIZによって先を見ることが誰にでもできるわけですから、活用しない手はないはずです。

9-7　技術者とTRIZ
〜アイデアキラーのアイデアを活かそう〜

　アイデアは、それまでと異なる分野からの技術を用いているものがレベルの高い"グッドアイデア"となる可能性が高いといえますが、実現には多くの努力を要します。VE（Value Engineering：価値分析）で目立った成

果が出ないので調べてみたら、実際には効果のありそうなすばらしいアイデアが出ているのに評価の段階で×になり、結局採用されるのは枝葉末節の大して効果もないが実現しやすいものだけということになってしまっていたという例もあります。経験のない分野の技術は難易度が高いものになります。しかし、ハイリスク・ハイリターンではないですが、新しい技術開発に取り組まなければ相対的に遅れることは明らかです。TRIZからのアイデアであれば、「ものにしやすい」ものが出せるなどということではありません。問題は、新しい技術課題への取組み方です。

技術者の中には、他人のやったことのない新しいテーマに挑戦することに意欲を湧かす人と、従来からのものを改善して一つずつ問題をつぶしていくのが得意な人がいます。本来、その人の特性に合った仕事が与えられるのがベストなのでしょうが、そうはいかない場合もあります。社内公募制なども多くの企業で取り入れられてきていますから、従来ほど帰属が固定されたものではなくなっているでしょうが、大事なことはくれぐれも減点主義でない評価とすることです。短期的な結果だけで評価したのでは、先のVEの場合のような実現性だけを優先したものになってしまいがちです。

2003年4月に発売されたロータリエンジン搭載の「マツダRX-8」の例があります。ロータリエンジンの欠点である燃費を改善するために、それまでとは異なるサイド排気方式を採用しています。オーバーラップ（吸気と排気がともに開いている期間）を減らすことで低回転での燃焼を安定させて、薄い混合気の使用を可能とするための方式です。しかし、サイド排気開発の初期、担当者は、かつてロータリを担当したOB達から、「それは、以前経験した検証済みの技術であり、それに伴う問題が解決できていないままのモノにならない技術であるから開発中止せよ」と迫られたといわれています。実際には、サイド排気にした際、20年前には解決できなかった排気へのカーボンスラッジの問題が、混合気を薄くし、オイル消費も10分の1程度に減らすなどしたため問題がなくなり、実用できるようになったわけです。開発を続けるに際して、担当者の「失敗したら辞めます」というまでの決意を伝えてOBの説得に当たったということです[9]。当時の条件のままで

結論づけていると、いつまでもそこで立ち止まったままでしかなく、判断を間違うということを示しています。

　新しいアイデアに対する建設的な慎重論（例えば、これは誰それが情報を持っているから聞いておけとか、以前 似たようなものでこんな問題があったが、その情報は誰に聞くのがよいとか）は、アイデアの深度を高めて、IK（アイデアキラー）ということにはならないのです。しかし、"熱ものに懲りてなますを吹く"ような、新しいものに対する程度を越えた心配でアイデアを抑えてしまうとか、かつて なまじ成功した経験を持つと、それが逆効果となって、新しい挑戦に消極的となってしまう場合があります。リスクを予想して対処を考えるのでなく、単に昔の経験のままの話ではいけないということです。

　P. F. Drucker 氏が、「企業において革新を阻む大きな要素は、現在の業績がよいことである」と述べていますが、官僚主義、先例主義、形式主義、事なかれ主義、横並び主義、保守主義といったマイナス指向の言葉からは利益につながるものは何一つありません。だからといって、現に このような意見を出された場合、組織の中では無視することもできません。「理屈と膏薬はどこにでもつく」の諺のような思考の枠組みは、現状維持を是とするかなどといっても仕方のないことです。

　それならば、ここは一つ考え方を変えて、IK の慎重的な考えをプラスに活かすことを考えた方が得というものです。ネガティブな意見にも自分のアイデアについて改良点やヒントを教えてくれているのだと、感情を抑えてプラスに受け取ることが大切です。そして後日、「あのときの意見を採り入れてこのようにしました。あなたの意見を尊重しているのだ。当事者として参加してもらっているのだ」ということにして、こちらの考えを受け入れざるを得ないようにすることです。自分の意見を入れてくれたとなると、相手も傍観者ではいられなくなってきます。批判者から支援者、当事者になってくれれば２倍の効果です。発明原理の"災い転じて福となす"ように持っていくことです。

　新しい理論の発見や高度な発明であっても、それを最初から頭の中で理屈

を組み立てたものは多くはありません。白川英樹教授や田中耕一氏、あるいはそれ以前のノーベル賞の受賞者であっても、最初はミスから発見されている場合が多いのです。特に、このような新しいものは、最初から予想したとおりにいくことはないのが普通です。企業においても同じように、失敗だったものを見直すことでヒットした例として、３Ｍ社の「ポストイット」や繊維保護剤「スコッチガード」などが挙げられます。大事なのは、同社には失敗を成功に転換した多くの事例があるということです。だからこそ、新しい技術による新製品が送り出せているということです。

　どんなに新規なものであっても多くの失敗の上に成り立っているのであって、ある日突然に無から有が生まれることはあり得ません。つまり、どんなものでも"インプットなくしてアウトプットなし"です。どのようにして自転車に乗れるようになったか子供の頃を思い出せば、他人が乗れるのに乗れないはずはないと、何度も失敗を繰り返してやっと乗れるようになったはずなのです。そして、２輪でバランスを取ることが「一度できれば次は常識」

図9-4　挑戦する風土（子供モトクロス）

となって行えたはずです(図9-4)。

　多くの場合、新しいことに挑戦して失敗すると、その結果だけが取り上げられ、高い目標に果敢に取り組んでもうまくいかないと、その人物に対する評価として「駄目」という評価をされることがあります。これは、日本人特有の「結果とプロセスを一緒のものとしてしか見られない考え方によるものだ」といわれています。その結果、成功すれば単に運がよかったとみられ、うまくいかなければ人間性まで否定されます。そのような減点主義の中からは、なかなか新しい挑戦的な考え方のものは生まれません。いつまでも過去の結果を引きずり、敗者復活を認めないのでは、当り障りのない現状維持のテーマしか出てこず、やがて競争力を失うことになります。原因を明確にして、その対策を考えさせ、「次はうまくやれよ」と声をかけてやれないと、一人の技術者をつぶしてしまうことにもなりかねません。転ぶことを避けて自転車に乗れない子供にしてはいけないのです。

　失敗から教訓を学び、どのようにして次に活かすか、それを導いてやることが必要なのです。「失敗を許容する企業文化から苦境を克服する執念が育つ」といわれます。技術開発においても、うまくいったことを真似するのが成功の秘訣ではありません。ノーベル化学賞の田中耕一氏は、「理論が正しいかどうかを確かめるのは実験だし、理論がない場合には失敗を重ねていくしかない。その中で勘が養われる」と述べています[10]。挑戦と敗者復活は、TRIZに限った話ではありませんが、TRIZから得られた新しいアイデアを活かすには切り離せない事柄でもあります。

引用・参考文献

1) 土屋　裕　監修：産能大学VE研究グループ―新・VEの基本、産能大学出版部 (2001) p.50
2) 野中郁次郎 ほか：知識創造企業, 東洋経済新聞社, (1999) p.87
3) 野中郁次郎 ほか：知識創造企業, 東洋経済新聞社, (1999) p.93
4) 野中郁次郎 ほか：イノベーション・カンパニー, ダイヤモンド社 (1997) p.71
5) Tech Optimizer™ Professional Edition J

6) 中川　徹 訳：超発明術 TRIZ シリーズ 5―思想編　創造的問題解決の極意, 日経 BP 社 (2000) p.222
7) 山崎秀夫：ナレッジ経営, 野村総合研究所 (2000) p.36
8) 野中郁次郎 ほか：イノベーション・カンパニー, ダイヤモンド社 (1997) p.175
9) 「開発の軌跡 RX-8 (第 2 回) そして 5 人が残った」, 日経 D & M, 日経 BP 社, No.584 (2003-5) p.135
10) 毎日新聞 2003.6.28, 2 版

索　引

英語

Effects 19, 108, 124, 140, 141
Genrich Altshuller ……… 16
Prediction ……19, 121, 135, 140, 143
Principles ……………… 18
Product分析 …………… 107
SECI（セキ）モデル ………… 150
SLP・103, 104, 109, 118, 120

ア行

アイデアキラー …………… 156
アイデアジェネレーター ……… 156
アイデアプロモーター ……… 156
悪化する特性 ………… 100, 101
悪化する特性 ………… 114, 117
暗黙知 ……………… 149
Sカーブ ……………… 77
S字曲線 ……………… 24
エネルギー伝導の法則 ……… 24
エネルギー伝導の法則 ……… 76
音響の場 ……………… 51

カ行

改善する特性 ………… 100, 101, 114, 117
開発リードタイム …… 4, 113, 114
化学の場 ……………… 51
革新的問題解決手法 ………… 16
価値認識 ………………… 9
管理技術 ……………… 13

機械的な場 ………… 57, 84, 85
機械の場 ……………… 51
技術進化の法則 …………… 24
技術システム進化の法則 ……… 17
技術システムの進化 ……… 112
技術進化 ………… 90, 91, 112
技術的方向性 ……………… 89
技術プッシュ説 …………… 144
機能モデル ……… 21, 33, 107
基本機能 ……………… 97
逆引き辞典 ……………… 25
共同化 ……………… 149
キーワード検索 …………… 155
経験価値 ……………… 157
形式知 ……………… 149
減点主義 ……………… 165
工学的法則 ……………… 17
工学的矛盾 ……19, 34, 96, 97, 105, 106, 136
工学的矛盾解決マトリックス
　……19, 97, 101, 114, 126
構成要素 ……………… 33
コンカレントエンジニアリング・161

サ行

最小システム …………… 23
最小問題 ……………… 139
最大問題 ……………… 52
作用体 ……………… 21
磁気の場 ………… 132, 134
思考プロセス …………… 12
市場のトレンド …………… 113

システム諸部のリズム調和の法則 24
システム諸部のリズム調和 …… 76
システムの完全性の法則 …・24,76
視点の違い ………………… 10
主有用機能 ………………… 52
需要プル説 ………………… 144
上位システム移行 …………… 76
上位システム移行の法則 …… 24
進化事例 ……………… 24,63
進化の過程 ………………… 85
進化の法則・・75,77,88,89,143
心理的惰性 ……… 41,97,100,
　　　　　　　　　　118,134
スーパーシステム …………… 33
創造的問題 ……………… 139

タ 行

田口メソッド ……………… 161
知識スパイラル …………… 150
知識創造 …………… 149,168
知識データベース ………… 152
知識変換モード …………… 149
知的存在感 ………………… 163
ツール ……………………… 105
電気的な場 ………………… 58
電気の場 ……………… 51,85
電磁気的な場 ……………… 57
電磁気の場 …… 85,132,133
動作空間 …………………… 107
動作時間 …………………… 107
独創的な発想力 ……………… 7
特許のレベル ……………… 18
トリミング ………………… 38

ナ 行

内面化 ……………………… 149
ナレッジコミュニティー …… 146
ナレッジデータベース …155,157
ナレッジマネジメント ……… 147
２元表 ………… 97,100,101

ハ 行

場 …………………………… 21
敗者復活 …………………… 168
発明原理 ……… 17,97,114,
　　　　　　　　117,126,139
発明的問題解決 …………… 139
発明的問題解決理論 ………… 16
パラメータ ………………… 19
パラメータ設計 …………… 161
バリュー …………………… 125
反対の特性を時間で分離 …… 85
ビジネスモデル特許 ………… 91
否定技術 …………………… 62
表出化 ……………………… 149
標準解 ……………………… 22
品質機能展開 ………… 132,161
品質工学 …………………… 161
品質表 ………………… 100,161
フェイス・ツー・フェイス …… 146
付加機能 …………………… 52
不規則に発展するパーツの法則
　　　　　　　　　　…… 24,76
不十分な作用を十分な作用に …・85
物質－場分析 …… 21,120,121
物質－場の完成度増加の法則
　　　　　　　　　　…… 24,76
物体 ………………………… 21

物理的矛盾 ‥‥‥‥‥ 58, 85, 108
プレイングマネージャー ‥‥‥‥ 9
ブレーンストーミング ‥‥ 25, 145
プロセス分析 ‥‥‥‥‥‥‥ 118
プロダクト ‥‥‥‥‥‥ 33, 105
プロダクトイノベーション ‥‥‥ 2

マ行

マクロからミクロへの移行 ‥‥‥ 76
マクロからミクロへの移行の法則 24
マルチスクリーン 122, 123, 130, 132
矛盾解決マトリックス ‥‥ 97, 101, 139, 142
矛盾マトリックス ‥‥‥‥‥‥ 17
メンタルモデル ‥‥‥‥‥‥ 149
問題解決 ‥‥‥‥‥‥‥‥‥ 17
問題解決手法 ‥‥‥‥‥‥‥‥ 3

ヤ行

有害作用 ‥‥‥‥ 34, 107, 136
有用機能 ‥‥‥‥‥‥‥‥‥ 88
有用作用 ‥‥‥‥‥‥ 34, 107
要求品質 ‥‥‥‥‥‥‥ 97, 100

ラ行

ライフサイクルカーブ ‥‥‥‥ 64
理想解 ‥‥‥ 117, 118, 120, 128
理想性増加の法則 ‥‥‥‥ 24, 76
理想性の増加 ‥‥‥‥‥ 76, 137
理想性の増加の法則 ‥‥‥ 88, 89
理想的最終解 ‥‥‥‥‥‥‥ 108
リソース ‥‥‥‥ 97, 108, 118
類比思考 ‥‥‥‥‥‥‥‥‥ 143
類比発想 ‥‥‥‥‥‥‥‥‥ 141
連結化 ‥‥‥‥‥‥‥‥‥‥ 149

========== 著者紹介 ==========

井坂義治（いさか　よしはる）
1946年　徳島県生まれ。ヤマハ発動機（株）入社後、主としてモーターサイクルのエンジン技術開発に従事。2輪車初のV型4気筒エンジンや世界で初めての7バルブエンジンを開発、燃焼改善のための吸気制御装置の開発などを通して、400件以上の特許を出願。
ヤマハ発動機（株）MC事業本部技術統括部エンジン開発室 主管で退職。

現在　　静岡理工科大学 非常勤講師
　　　　中部品質管理協会 講師
資格　　ASQ（アメリカ品質協会）認定 CQE
　　　　リスクマネジメント協会認定 PM
　　　　日本VE協会認定 VEL
著書　　「発想力の強化とその活用法」（通信教育）、
　　　　　（株）技術情報協会
　　　　「職務発明の評価法と報奨制度」（共著）、
　　　　　（株）エヌ・ティー・エス

|JCLS|〈㈱日本著作出版権管理システム委託出版物〉

2004　　　　　　　　　　2004年 2月20日　第1版発行

―TRIZ―

著者との申し合せにより検印省略

著作者　井坂義治

Ⓒ著作権所有

発行者　株式会社 養賢堂
　　　　代表者　及川　清

定価 3150円
（本体 3000円
　　税　5％）

印刷者　星野精版印刷株式会社
　　　　責任者　星野恭一郎

発行所　株式会社 養賢堂

〒113-0033 東京都文京区本郷5丁目30番15号
TEL 東京(03)3814-0911　振替00120
FAX 東京(03)3812-2615　7-25700
URL http://www.yokendo.com/

ISBN4-8425-0355-6 C3053

PRINTED IN JAPAN　　　　製本所　板倉製本印刷株式会社

本書の無断複写は、著作権法上での例外を除き、禁じられています。本書は、㈱日本著作出版権管理システム（JCLS）への委託出版物です。本書を複写される場合は、そのつど㈱日本著作出版権管理システム（電話03-3817-5670、FAX03-3815-8199）の許諾を得てください。